KB240791

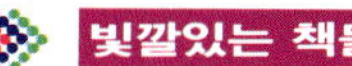

# 한국의 궁궐

글, 사진/이강근

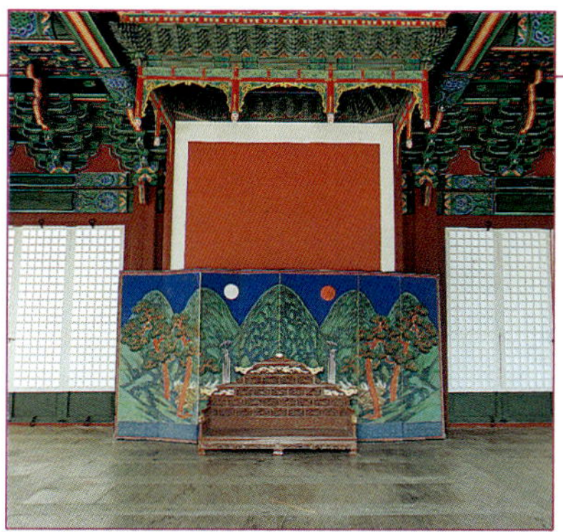

대원사

이강근 ———————————
서울시립대학교 건축공학과를 졸업하였고 한국정신문화연구원 한국학대학원 예술학과에서 미술사를 전공, 동국대학교 대학원 미술사학과에서 박사학위를 받았다. 현재 경주대학교 문화재학과 교수이며 한국미술사학회 이사이다. 주요 논문으로 '경복궁에 관한 건축사적 연구' '경희궁의 역사' '동문선과 고려시대의 건축' '17세기 불전의 장엄에 관한 연구' 등 여러 편이 있다.

도움 주신 분 ———————————
김동현(문화재연구소 보존과학연구실장)
문명대(동국대학교 박물관장)
장경호(문화재연구소장)
박방룡(국립경주박물관 학예연구사)
국립중앙박물관
국립경주박물관

# 한국의 궁궐



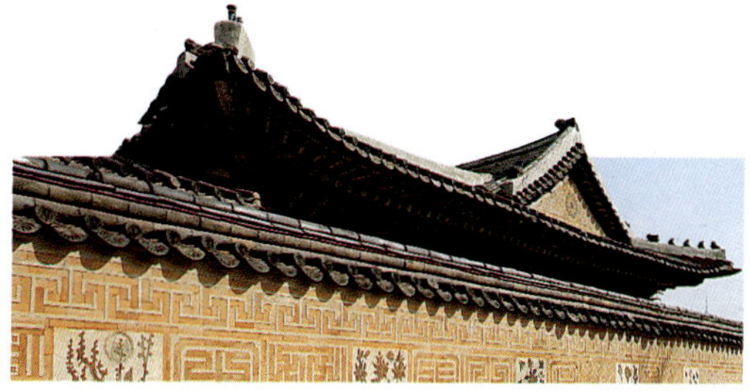

# 한국의 궁궐

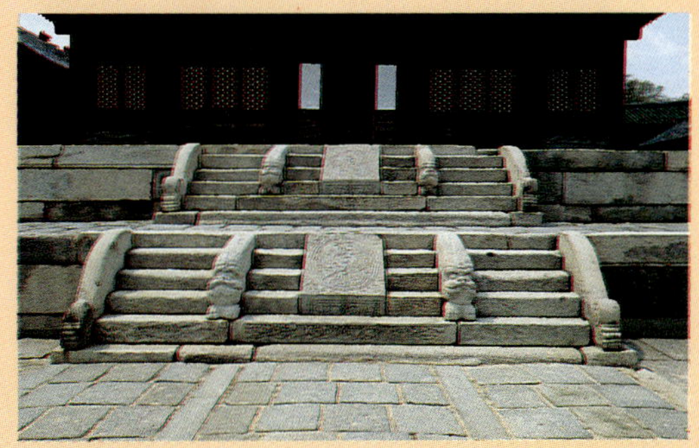

# 머리말

　궁궐(宮闕)은 지나 온 2000년 왕조 시대를 대표하는 문화 유산이다. 그러기에 한국사에서 민족 문화의 전통과 창조적 계승을 살피는데 없어서는 안 될 귀중한 자산이다.

　이 땅에 정치적 지배자가 생겨나고 나라가 이루어지면서부터 지배자의 거처인 궁궐과 함께 정치, 문화, 종교 중심지로서의 도읍이 건설되었다. 삼국시대의 고구려, 백제, 신라, 남북국시대의 통일신라와 발해 그리고 고려, 조선으로 이어지면서 나라마다 도읍한 곳에는 궁궐 및 도성 유적이 남게 되었다. 그 가운데는 궁궐 유적이 철저하게 발굴 조사된 경우가 있는가 하면 아직 그 터조차 찾지 못한 곳도 있다. 그 가운데 궁전 건축이 비교적 잘 보존되어 있는 것은 조선시대뿐이다.

　궁궐이라고 하면 흔히 서울에 있는 조선시대의 경복궁, 창덕궁, 창경궁, 덕수궁 등을 떠올린다. 그리고는 곧잘 중국의 궁궐과 비교하면서 어느 궁이 더 한국적인가를 굳이 밝히려 한다. 그러나 한국 궁궐의 특수성은 삼국시대 이래 우리나라 궁궐의 역사에서 그 전통성과 창조성을 찾아야 한다. '궁'이나 '궐'이 한자(漢字)이고 이 말을

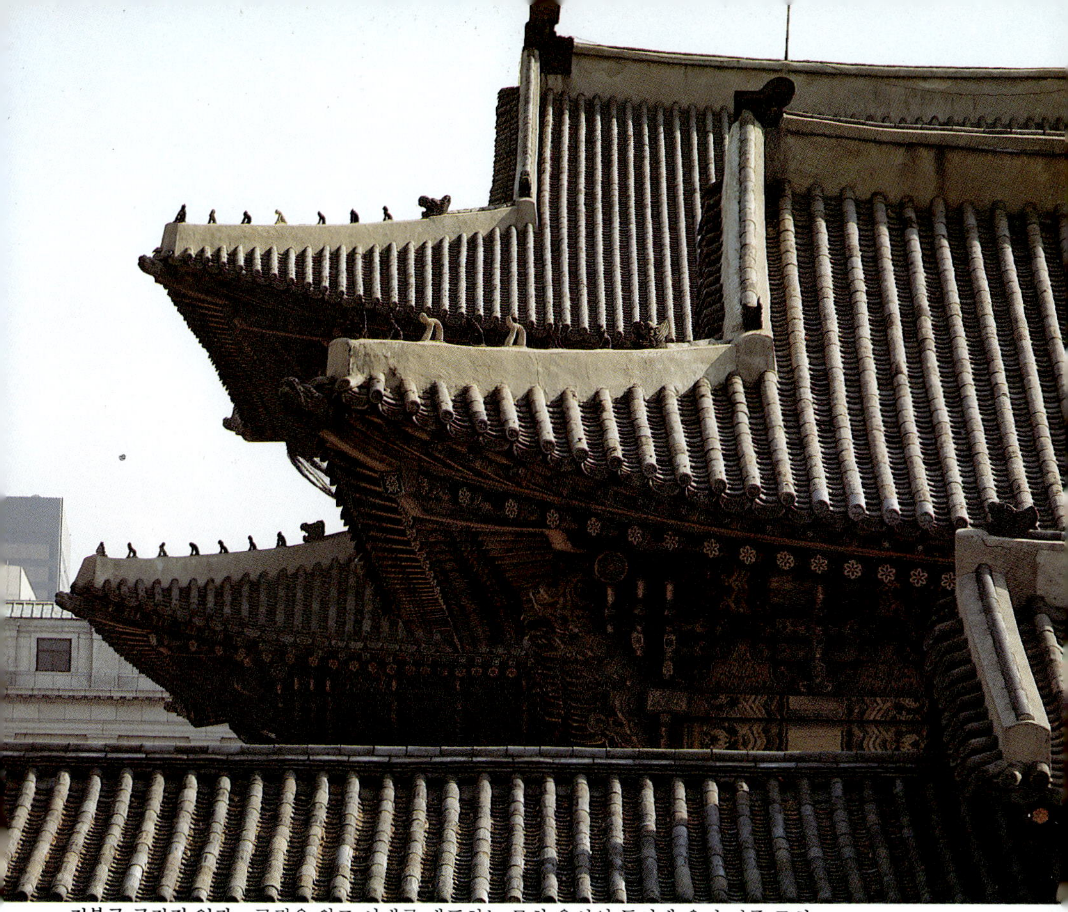

**경복궁 근정전 일곽**　궁궐은 왕조 시대를 대표하는 문화 유산인 동시에 우리 민족 문화의 전통을 살피는 데 귀중한 자산이 된다.

빌어서 최고 통치자의 거처를 궁궐이라고 불렀다 해서 중국의 궁궐을 기준으로 삼아 '중국화'니 '한국화'니를 말해서는 안 된다.

36여 년의 짧은 식민 통치 기간에 우리의 수천 년 문화 유산은 철저하게 파괴, 소멸, 왜곡되었다. 게다가 해방 이후 서구화의 길로 치달으면서 다시 한번 무시되고 잊혀졌다. 1970년대 이후에야 비로소 우리 문화에 대한 자각이 일반에게까지 확산되었고, 전통 문화를 복원하려는 시도가 여러 분야에서 진행되었다. 궁궐에 있어서도

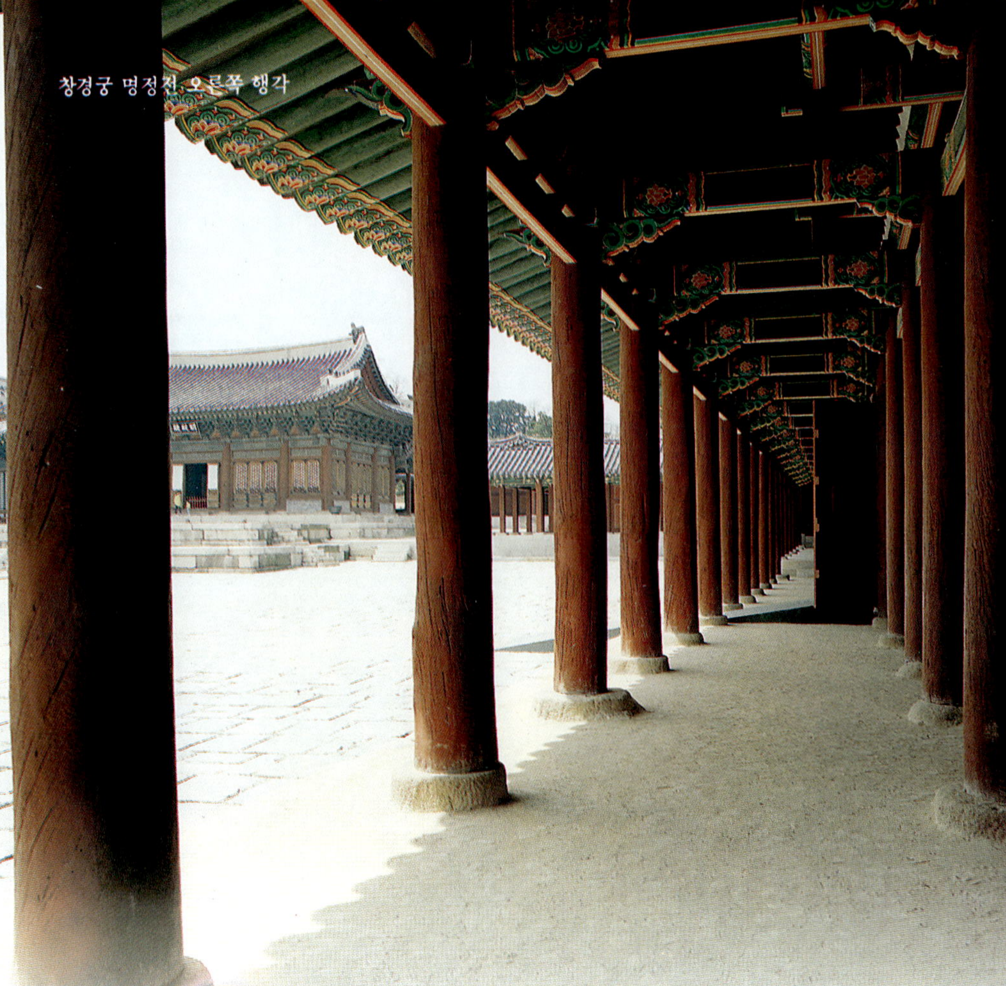


80년대에 들어서자 창경원이 다시 창경궁으로 복원되었고, 소멸되었던 경희궁에 일부나마 복원이 시도되었다. 또 경복궁 복원을 위한 발굴 조사가 시행되기도 하였다.

조선 왕조 500년의 고도인 서울의 역사성을 되찾으려는 이같은 노력과 아울러 백제의 고도인 공주, 부여 및 신라의 고도인 경주의 왕경(王京) 유적에 대한 조사도 현재 진행되고 있다. 이런 시점에서 우리나라 궁궐 2000년사를 통사(通史)로 정리해 보았다.

# 궁궐이란 무엇인가

## 궁궐의 형성

궁궐 건축의 형성은 고대 국가의 성립과 깊은 관계가 있다. 우리 나라의 초기 국가가 형성, 발전되어 온 단계에 대해서는 여러 견해가 있는데 대개 촌락 사회(촌장 사회)에서 성읍(城邑) 국가로, 다시 소국(小國)으로, 나중에는 중앙집권적 왕국으로 발전되어 왔으리라 추정된다. 이러한 발전 과정에서 지배 계급과 피지배 계급이 발생하고 또한 지배자의 거처 및 정치 집회소가 생겨났으며 정치, 경제, 종교의 중심지가 발생하였다. 정치적으로는 중앙 정부 조직, 지방 통치 조직, 군사 동원 체제가 갖추어지고 경제적으로는 수취 제도가 만들어졌다.

왕의 거처는 중앙 정부 조직과 함께 정치 중심지에 자리잡았으며 대개 성(城)을 주위에 둘러 외부 세계와 구별하였다. 단군 왕검이 다스린 고조선의 왕검성, 고구려 고주몽의 홀승골성, 백제의 한성, 가락국(가야)의 나성, 신라의 금성 등은 바로 그러한 예이다.

소국들은 처음에는 연맹 관계를 유지하다가 차차 강력한 소국

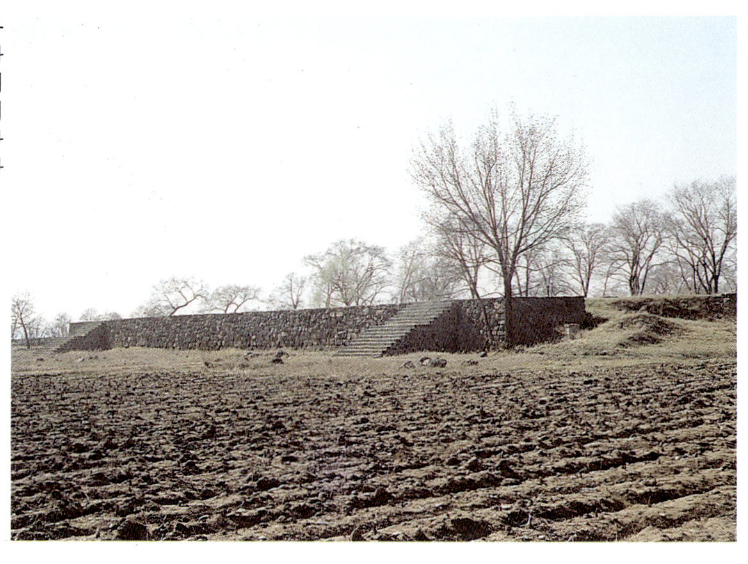

연맹에 의하여 병합되면서 좀더 커다란 나라를 형성하게 되며, 그
결과 왕의 지위가 확립되고 권력이 강화된다. 왕위 세습권이 확립되
자 동시에 지배 귀족 세력이 성장한다. 이에 따라 신분도 세분화되
는데 정복국의 주민은 왕경인(王京人), 정복당한 나라의 주민은
지방민(地方民)으로 편성되고 거주 지역도 신분에 따라 나뉘었다.
이러한 단계에 있는 정치 지배자를 군왕(君王)이라 하고 더 나아가
중앙집권적 왕국의 단계에 이르렀을 때 왕이라 부른다. 이때의 왕과
지배 세력의 존재 형태에 대해서는 고분과 그 안에 부장된 유물을
통하여 이해할 수 있고, 나아가서 궁성(宮城)과 그 안의 궁전(宮殿)
또는 정청(政廳)의 존재를 통하여 왕권의 성장과 통치 조직의 강화
를 생각할 수 있다.
　고구려, 백제, 신라 세 나라가 각각 강력한 왕권을 바탕으로 한

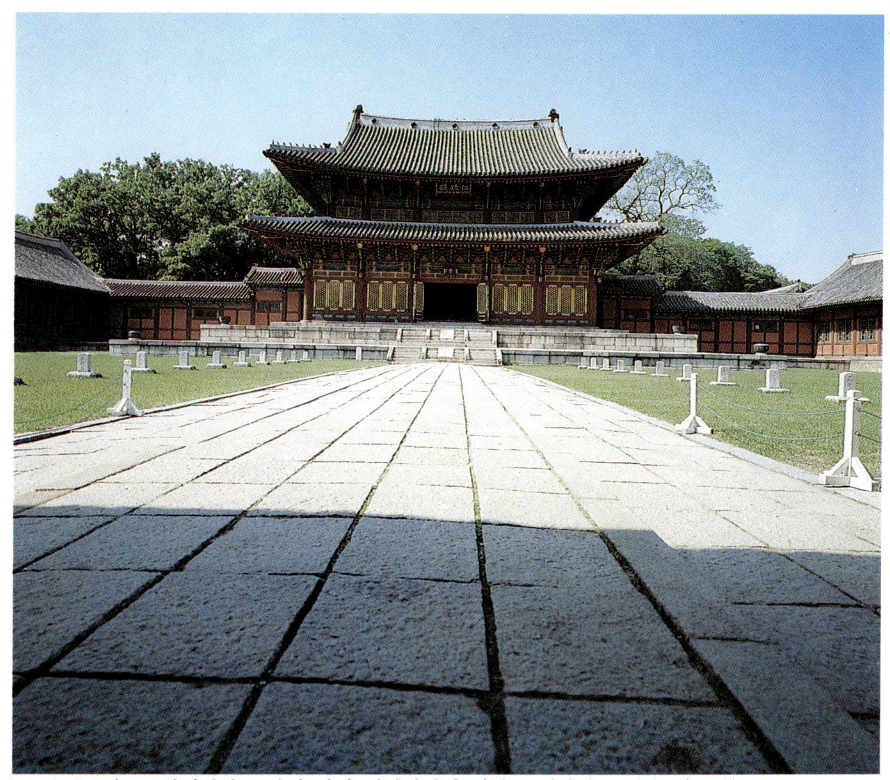

**창덕궁 인정전**  중앙집권적 국가의 왕이 거처하면서 정치를 행하던 곳만을 엄밀한 의미에서 '궁궐'이라 부를 수 있으며 그렇기 때문에 궁궐이란 곧 왕궁을 가리킨다. 조선시대 창덕궁의 정전인 인정전 전경이다.

고대 국가를 형성하고 평양, 공주, 경주 등에 수도를 정하여 비약적으로 발전해 나간 것과 병행하여 각 나라의 도성(都城), 궁성은 크게 확대, 발전되었다. 이때의 궁성은 도성 계획의 일부로서 조성된 것이며 궁궐 건축의 역사에서 중요하게 다루어지고 있다. 곧 중앙집권적 국가의 왕이 거처하면서 정치를 행하던 곳만을 엄밀한 의미에서 '궁궐'이라 부를 수 있으며 그렇기 때문에 궁궐이란 곧 왕궁(황제의 거처는 皇宮)을 가리킨다.

# 궁궐의 어원(語源)

　'궁'은 상형 문자로 사각형 마당에 주위로 4개의 방을 배치한 건축 평면도의 모습인 　 으로 표기되다가 현재 쓰는 글자로 바뀌었다. 이 글자는 집안에 방이 많다는 것을 나타내고 규모가 비교적 큰 건물임을 표시한다.

　중국 최초의 사전인 「석명(釋名)」에는 "궁(宮)은 궁(穹)이다. 가옥이 담 위로 우뚝 보이는 것이다"라고 하였다. 궁은 실(室)과 합하여 '궁실'이라는 용어로 사용되었는데 「석명」에는 "실(室)은 실(實)이다. 사람과 사물이 그 속에 가득한 것을 말한다"라고 해석되어 있다.

　한대(漢代;기원전 206~220년) 이전의 궁실은 일반 가옥을 가리키는 말이었으나 한대 이후로 지위가 높은 사람들이 이 명칭을 썼기 때문에 아랫사람들이 피하게 된 것이다. 곧 황제가 자신의 집을 '궁'이라고 부른 이래로 황궁이 아닌 건물에 대해서는 더 이상 궁이라고 부르지 않았다. 이렇듯 황제가 사용하는 건물만을 '궁'이라고 부른 뒤부터 '궁'과 '전(殿)' 두 글자는 항상 연결되어 쓰였다. 궁전은 황제가 전용하는 건축군(建築群)만을 가리키는데 일반적으로 의례(儀禮)를 거행하고 사무를 처리하는 중심 건물을 모두 전이라하고 생활하고 기거하는 부분을 궁이라 하였다. 전은 '당(堂)'에 비교할 때 규모가 큰 건물이자 고귀함과 장엄함, 신성함을 갖춘 건물을 의미한다.

　건축의 형식을 규정한 최초의 제도(形制)는 궁실 건축의 내용과 배치에 대한 규정에 불과했으며 이것이 국가의 기본 제도로서 확립되어 궁실 제도라고 불렸다. 궁실 제도가 성립된 뒤에는 관료와 귀족으로부터 서민에 이르기까지 그 가옥 형식을 규제하는 규정이 제도로서 성립되었는데 이를 문당(門堂) 제도라고 한다. 궁실 제도

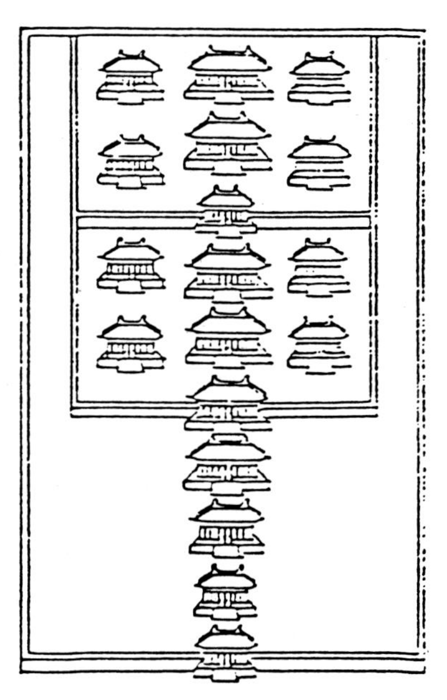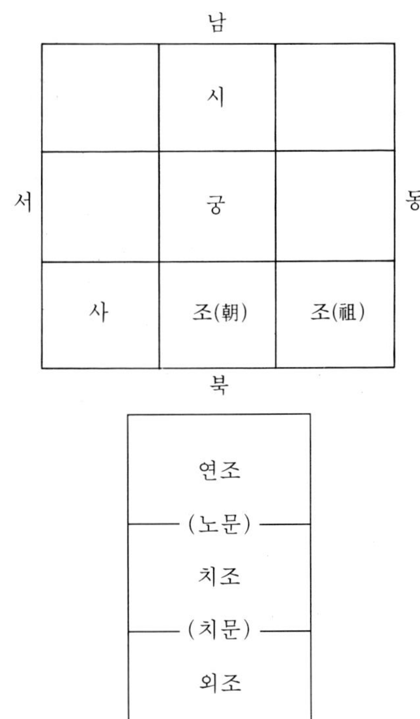

주나라의 침궁도(寢宮圖) 「삼례도」에 실린 그림이다.(위)
국도도(國都圖)(오른쪽 위)
3문 3조(오른쪽 아래)

와 문당 제도는 「주례(周禮)」를 비롯한 삼례(「주례」「예기」「의례」)에 실려 있으며 그림으로 간략하게 설명되어 있다.

　한편 '궐'은 원래 부락 시대의 주거지 입구 양옆에 설치한 방위용 강루(崗樓)에서 비롯된 것으로 오늘날 군사 기지 입구에 세우는 초소 같은 것이다. 이 궐을 궁에 사용한 시대에는 문을 세우지 않았다고 한다. 궁의 문 밖에는 2개의 대(臺)를 만들고 위에 누관(樓觀;

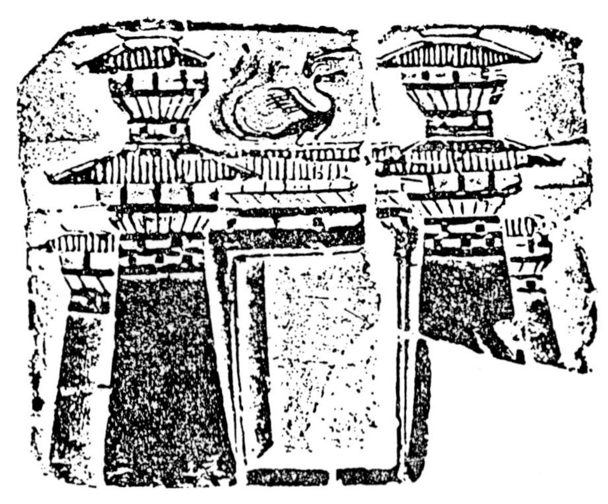

**화상전(畵象塼)의 쌍궐**  사천성 성도시 양자산 한묘에서 출토된
화상전에서는 한대(漢代)의 궁문 형식인 쌍궐을 보여 준다. 궐
사이 궁문 위에는 평화와 남방의 상징인 주작상을 놓았다.

초루, 망루)을 지었으며, 가운데에는 문을 만들지 않고 양옆에 문을
두어서 중앙이 뚫려 자연스레 길이 되었다고 한다. 문헌 기록에
의하면 한대의 궁문(宮門) 형식은 여전히 쌍궐(雙闕)이나 양관(兩
觀)을 사용하였으며 상당히 웅장한 고관 대궐(高觀大闕)로 발전하였
다. 이러한 쌍궐 형식은 나중에 문제(門制)로 대치되었으나 궐의
의미는 청대(1616~1911년)까지 지속되었다.

당대(618~907년) 대명궁(大明宮) 함원전(含元殿)의 양옆에
세워진 두 건물(翔鸞, 棲鳳閣)은 양관이며 고려 궁궐의 정남문(正南
門)인 승평문(承平門)도 위에 2층 누각을 세우고 그 옆에 양관을
둔 형식이다. 명대(1368~1662년) 북경에 세워진 지금의 자금성
(紫禁城)에도 오문(午門;정문) 양옆에 각루를 세워 궐의 자취를
남기고 있다. 조선시대(1392~1910년) 궁궐인 창경궁의 정문 홍화

문(弘化門) 좌우에도 각루가 있고, 더욱 형식화되기는 하였지만 경복궁의 궁성 남쪽 양끝에 둔 동, 서십자각(東, 西十字閣)도 궐이 변형된 것이다.

18쪽 사진

궐이 처음에 방어용으로 세워진 초소였던 것과 마찬가지로 궁의 앞쪽에 대를 높이 쌓고 그 위에 높은 호루(護樓;망루)를 세운 양관도 군사용 전망대라는 기능적 역할과 함께 형식상 구실도 하였다. 이 '관'은 뒷날 도교(道教) 건축에 붙이는 명칭이 되었으며 '관망(觀望)한다'는 원래의 기능을 상실하였다.

13쪽 그림

궁실 제도는 '3문 3조(三門三朝)'로 요약되는데 궁에는 조(朝)라는 구역이 3군데 있고 이를 연결하는 궁문이 3개 있다는 뜻이다. 3조는 궁궐 안에서부터 밖으로 연조·치조·외조의 순서로 배치되었다. 그런데 여기서는 문만을 말하고 있어서 궁문 가운데 정문 양옆에 궐을 두어야 한다는 규정을 분명히 하지 않았다. 그래서인지 궁궐이라는 용어를 쓰지 않고 궁실이라는 용어를 제도화하고 있다. 궁궐이란 원래 '궐을 갖춘 궁'을 가리키는 말이었겠지만 궐이 누대나 관 또는 각루, 정자(亭子) 등으로 변화된 경우에도 궁을 궁궐이라 부르는 것은 그 때문이다. 또 궁궐이란 용어 대신 궁실, 궁성, 궁전이라는 용어를 널리 쓰는 이유도 궐이 없는 경우가 많기 때문이다. 지금은 건축의 한 유형으로 '궁궐 건축'이라는 용어를 더 널리 쓰고 있다. 또 궁궐을 그린 그림을 '궁궐도', 궁궐에 관한 문헌 기록을 '궁궐지'라고 부르고 있다.

중앙집권적 국가 곧 고대 국가가 성립되자 이를 통치하는 강력한 권한을 지닌 왕(또는 황제)은 세력을 과시할 목적으로 거대한 규모의 장엄하고 화려한 궁궐 건축을 다투어 건설하게 된다. 따라서 그 시기 최대의 재정과 최고의 기술을 동원하여 최상급 건축가가 설계, 시공하였던 궁궐 건축은 한 시대 최고의 건축 수준을 가늠케 해주는 기준이 된다.

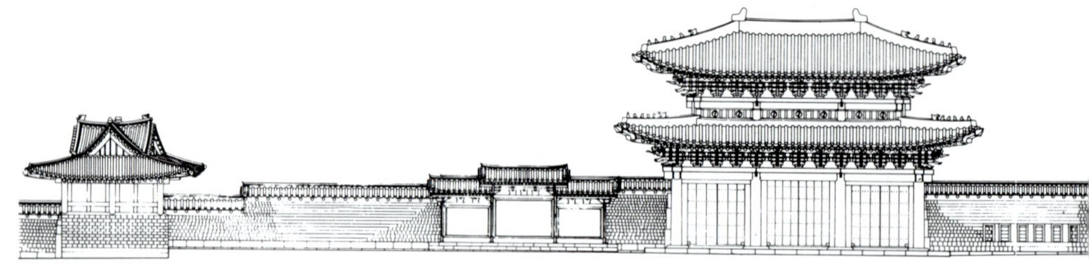



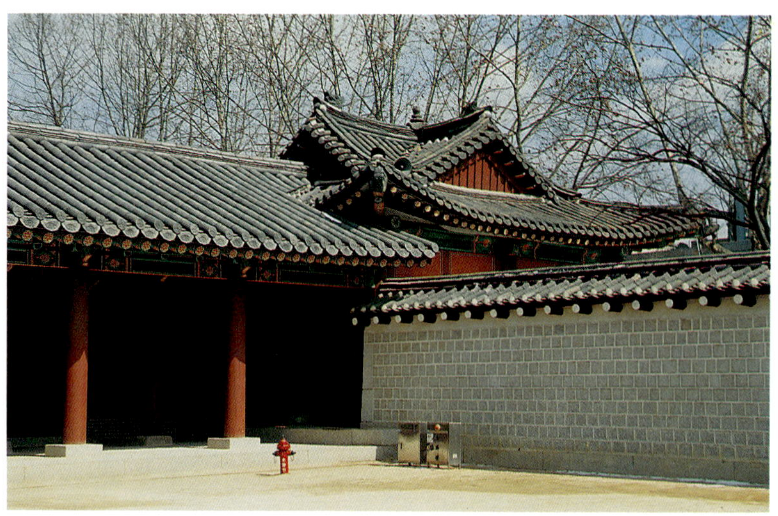

**창경궁 홍화문 좌우 각루**　궐(闕)이란 원래 방어용으로 세워진 지금의 군사 기지 초소와 같은 것이었으나 나중에 각루나 정자, 관(觀) 등의 용도로 변화되기도 한다. 조선시대 창경궁의 정문인 홍화문 좌우에도 각루를 세워 궐의 자취를 남기고 있다. 맨 위는 홍화문과 좌우 각루를 실측한 도면이고 그 아래는 우각루이다.

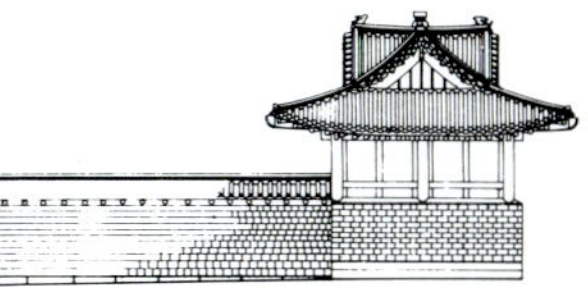

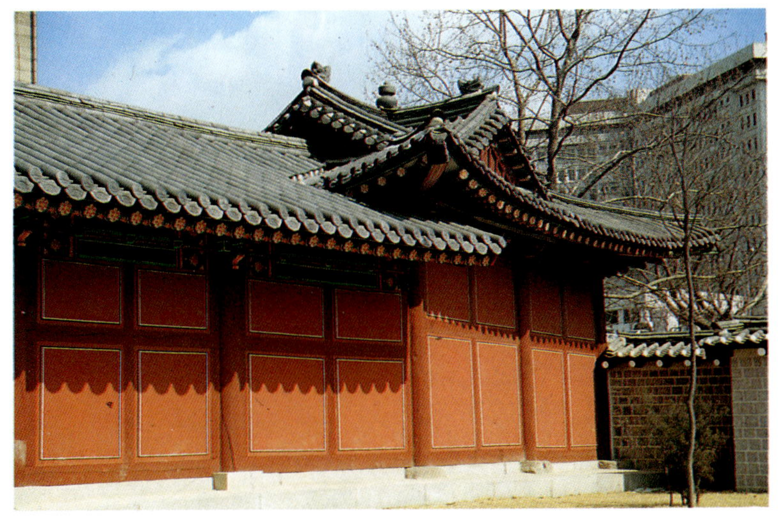

**창경궁 홍화문 좌각루**  정문인 홍화문을 중심으로 우각루에 대칭되는 위치에 선 좌각루이다. 문과 다소 멀리 떨어져 있으며 두드러진 높이도 아니지만 궐의 자취로 만들어진 것이다.

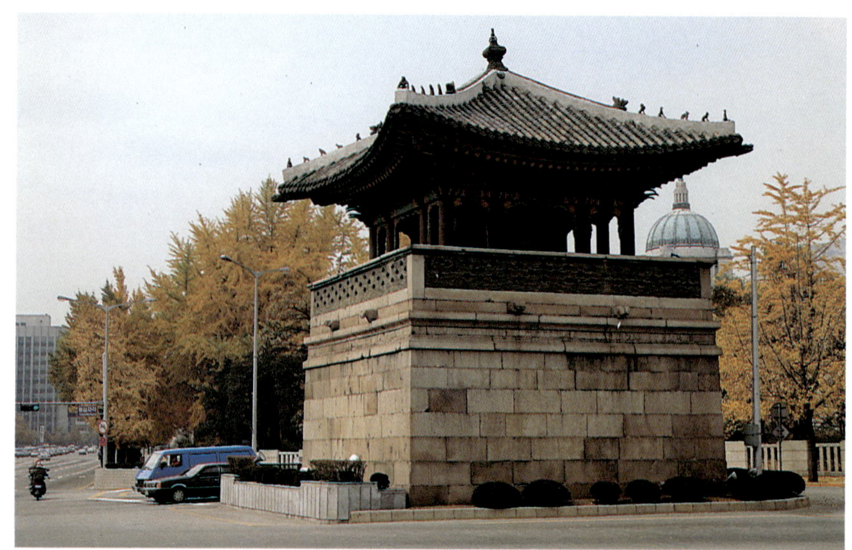

**경복궁 동십자각** 조선시대 정궁인 경복궁 남쪽 양끝에 둔 동,서십자각도 궐이 변형된 것이다. 위는 현재의 모습이고 아래는 일제에 의해 경복궁이 훼손되기 전의 모습이다.

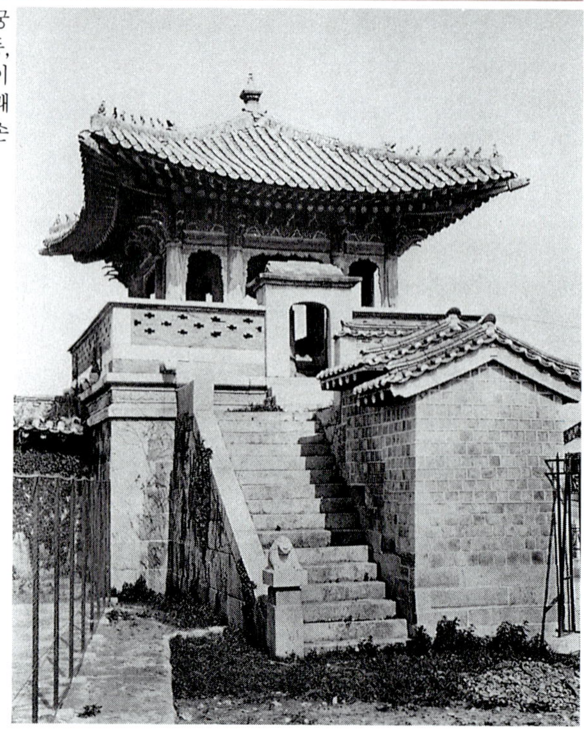

# 고구려 궁궐

고구려 왕궁터로 알려진 것은 길림성 집안현의 국내성 터와 평양시 대성 구역의 안학궁 터, 평양성(장안성)의 궁성터 등이다.

고구려(기원전 37~668년)는 약 700여 년 동안 존속한 왕조로서 5세기에서 7세기에 걸쳐 북만주, 요동, 한반도 중남부에 이르는 드넓은 영토를 지닌 강대한 왕국을 형성한 나라였다. 기원전 1세기에 국가 체계를 갖추고 수도를 오늘날의 동가강 유역인 환인 지방에 있던 홀승골성으로 정하였다. 오늘날 환인 지방에 있는 오녀산성과 그 부근의 무덤들은 고구려 초기의 수도와 당시의 역사적 일면을 잘 보여 준다. 그 뒤 기원 초에는 압록강 북안의 통구(通溝;중국 길림성 집안현에 있음)로 수도를 옮기고 영역을 5부로 나누어 통치하였다. 수도에는 국내성과 환도성을 쌓고 주변의 여러 민족(종족)과 힘을 겨루면서 발전하였다.

국내성과 환도성의 위치에 대해서는 여러 가지 학설이 제기되어 왔으나 환도성은 환도산 위에 쌓은 산성(山城)으로서 산성자산성(山城子山城;尉那巖城)을 가리키며 국내성은 평내성(平耐城)이라고 도 하며 평성(平城)으로서 보통 때 왕이 거처하던 곳이라고 이해된

20, 21쪽 사진

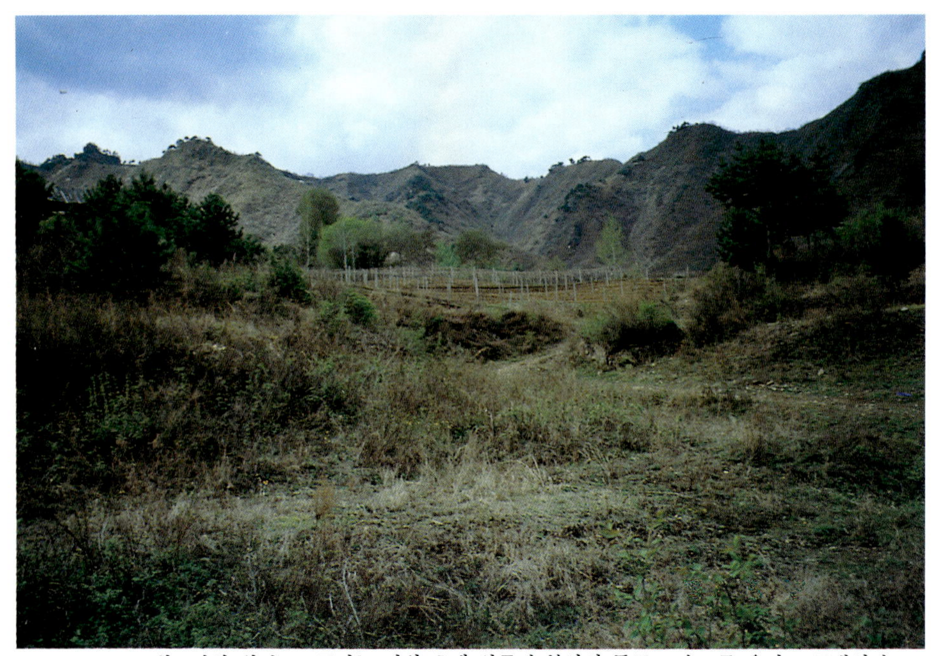

**환도산성 원경** 고구려는 기원 초에 압록강 북안의 통구로 수도를 옮기고 국내성과 환도성을 쌓았다. 환도성은 환도산 위에 쌓은 산성으로 산성자산성(山城子山城)을 가리킨다.

다. 곧 고구려의 수도는 통구 지역이며 압록강 이북 통구하(通構河) 주변 평야에 평성인 국내성을 쌓고, 그 안에 왕을 비롯한 지배층의 거처만을 마련하였으며 전시(戰時)에는 주변의 북쪽 고지(高地)에 쌓은 산성인 환도성으로 왕이 피신하였던 것이다.

미천왕 14년(313)에는 후한(後漢)의 세력인 낙랑을 멸망시키고 이어서 북방 여러 민족과 겨루어 북만주 지역을 점령하는 한편 광개토왕 2년(392)에는 한강 이북의 10개 성을 장악하고 395년에는 58개 성, 700여 개의 촌락을 장악하여 남쪽 국경을 임진강까지 확장하였다. 399년에는 신라와 합동하여 가야에 침입한 왜적을 격멸하

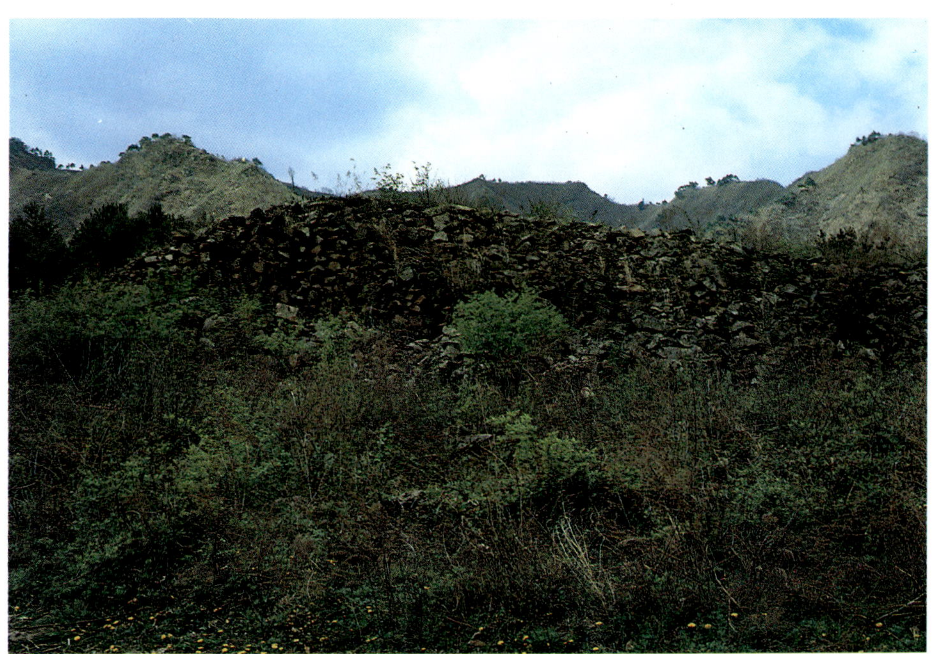

**환도산성 성벽 유구**  통구 지역 통구하의 주변 평야에는 평성인 국내성을 쌓아 평화시에는 왕을 비롯한 지배층만이 거처하였으며 전쟁시에는 주변의 북쪽 높은 곳에 쌓은 환도산성으로 피신하였다.

였다. 이러한 정복 활동으로 인하여 비옥한 평야 지대를 차지하게 되었으며 이에 따라 농업이 발전하고 농기구, 무기 제조에 따른 수공업이 발전하였다. 또 정복민에 의한 인구 증가로 생산력이 증가함에 따라 이들을 건축 공사에 투입하여 대규모의 성과 궁성 등을 쌓았다.

고구려의 전성기인 장수왕대(413~491년)에 이르러서는 427년에 평양으로 도읍을 옮겼는데 이때에 수도를 건설한 곳은 지금의 대성산 일대였다. 대성산성과 그 남쪽 기슭에 있는 안학궁성을 중심으로 하여 대동강 북안에 있는 청암동토성, 고방산성 등은 평양으로 도읍을 옮긴 직후의 옛 모습을 보여 준다. 이때의 평양성은 집안현에 있는 국내성의 성 포치(布置) 제도와 비슷하게 왕궁을 둘러싼 평지의 성들과 유사시에 피해 들어가 방어할 산성으로 나누어 건설되었다. 대성산성은 주위가 20리를 넘는 고구려 최대 산성이며 안학궁은 둘레 2.4킬로미터인 방형 토성으로 둘러싸여 있다.

국내성과 안학궁성은 왕을 비롯한 통치 집단의 정사(政事)와 일상 생활에 필요한 건물과 시설물만을 갖추었다. 일반 백성들은 성 밖에서 살았으므로 성의 규모는 그리 크지 않았다. 평원왕 28년(586)에 대동강 연안의 장안성으로 옮기기 전까지는 군사적 목적에서 건설된 시설물인 산성과 보통 때 통치 집단이 거주하는 주거성(住居城)인 궁성이 서로 면밀한 관계를 가지고 병존하였다. 통구 시대의 국내성과 위나암성, 평양 시대의 안학궁성과 대성산성은 평성과 산성을 함께 갖춘 고구려식 수도의 면모를 잘 보여 준다. 이런 이유 때문에 궁성의 위치는 산성의 위치와 유기적인 관계에 있었다. 곧 궁성의 뒤에는 유사시에 의지하여 싸우는 산성이 있거나 그와 직접 연결된 험한 산줄기들이 가로막혀 있고 큰 강을 낀 벌판에 수도의 터전을 잡았다.

국내성과 안학궁성은 모두 네모난 성벽을 쌓고 그 사방에 문을 냈으며 대칭되는 위치에 성문을 세웠다. 그런데 이들 두 궁성은 아직 '도성'이라고 부르기에 적합하지 않다. 한 국가의 수도에 쌓은 성이라는 의미에서는 물론 도성이라고 할 수 있으나 이때에는 궁성만을 성벽으로 둘러쌌을 뿐 수도 전체를 성벽으로 둘러싸지 않았기 때문이다.

고구려의 궁성이 도성으로 발전한 것은 안학궁성에 거처한 지 160년 만에 대동강 유역인 장안성으로 옮기고 새로운 형식의 수도를 건설한 때부터이다. 이때의 천도는 평양 시대의 비약적인 경제 발전을 바탕으로 국방력을 강화하기 위한 것이었으리라 여겨진다.

# 국내성

　국내성은 기원전 37년부터 427년까지의 고구려 궁성이다. 물론 이 기간 안에 일시적으로 도읍을 옮긴 적이 여러 번 있었으나 대부분의 기간 동안 이곳이 고구려 전기의 명실상부한 왕궁이었다. 이 성 안에는 현재 도시가 자리잡고 있는 관계로 고구려시대의 성 안 시설물 포치를 자세히 알기 어렵다. 또 왕궁 자리도 분명치 않은데

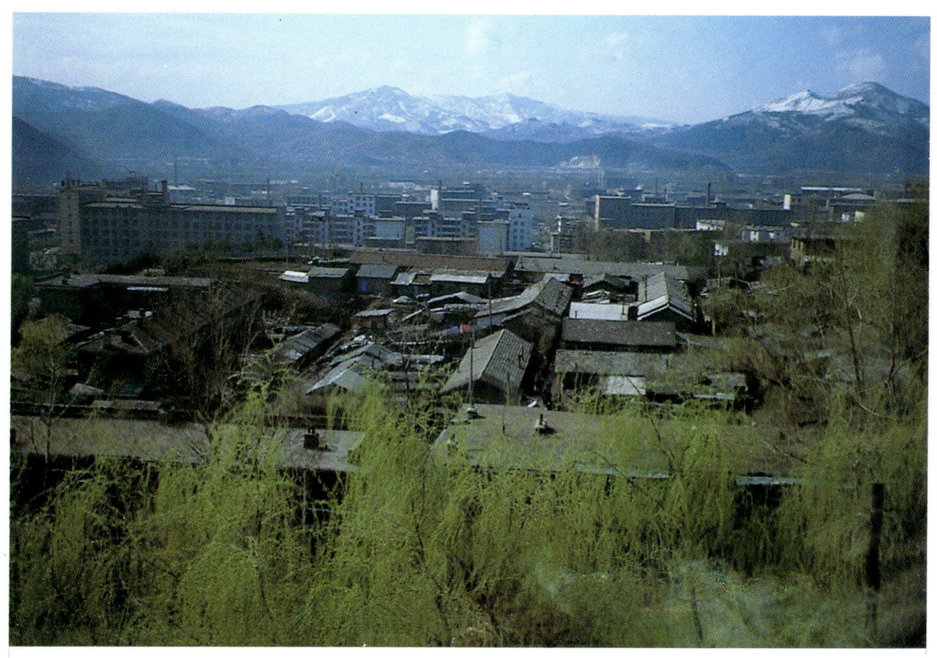

**현재의 집안시 전경**　국내성은 평내성이라고도 하는데 기원전 37년부터 427년까지의 고구려 궁성이다. 이 성 안에는 현재 도시가 자리잡고 있는 관계로 고구려시대의 성 안 포치를 자세히 알기 어렵다.

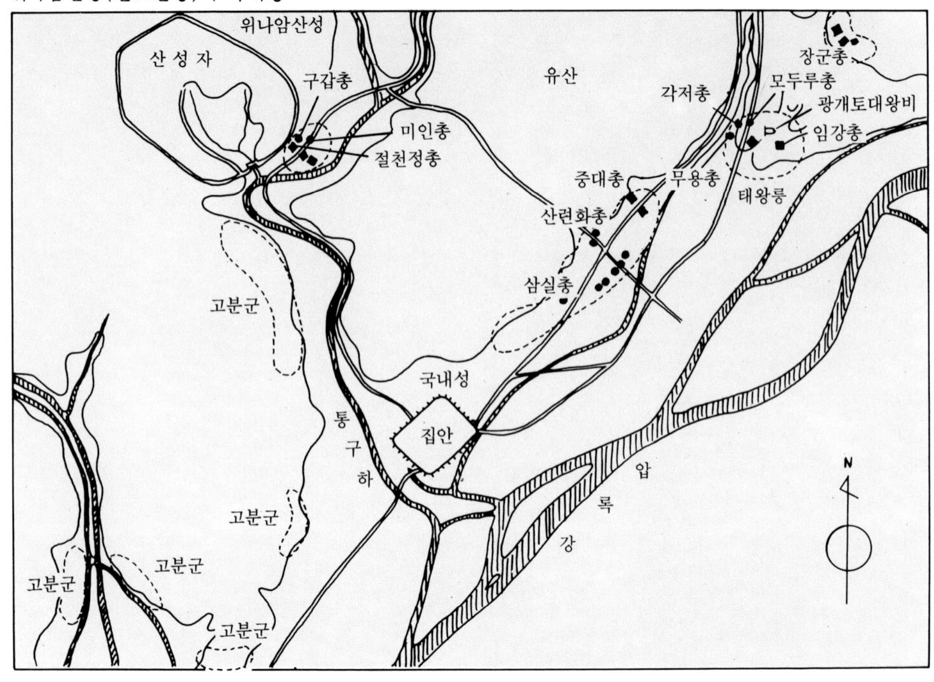


다만 성 안의 서북쪽에서 고구려 시기의 주춧돌이 나와서 당시에 큰 건물이 세워져 있었음을 말하여 준다. 또 붉은색의 고구려 기와들이 많이 나왔는데 이것들은 위나암성에서 나온 것들과 같다.

성 안의 큰 길로는 성문들을 서로 연결하는 남북의 두 길과 동서의 두 길이 있었던 것 같다. 문터는 현재 동, 서, 남벽에 각각 하나씩 남아 있으며 북벽에도 원래 문이 있었던 것을 뒤에 성벽을 다시 쌓을 때 막아버린 흔적이 남아 있다. 성문의 위치는 정확하게 대칭을 이루고 있지 않으며 동문은 남쪽으로, 남문은 동쪽으로 각각 치우쳐 있는 것이 특징이다. 성의 네 모서리에는 각루터가 있었으며 일정한 거리를 두고 치(雉)도 설치하였는데 현재 동벽에 3개, 서벽에 1개, 남벽에 2개, 북벽에 1개 모두 7개가 남아 있으며 도성에 치를 설치한 최초의 예이다.

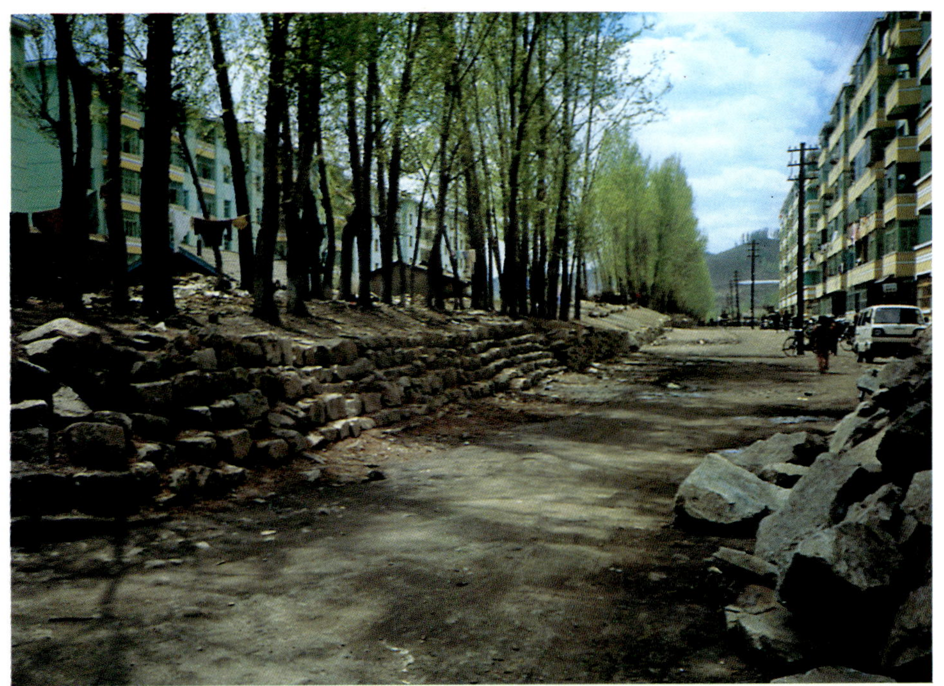

**국내성 터**  고대 국가 시기 최초의 도성인 국내성에서는 궁전터가 분명하게 확인되지 않았으나 현재 잘 다듬은 방추형 돌로 네모나게 쌓은 성벽이 남아 있다.

성벽은 잘 다듬은 방추형 돌로써 네모나게 쌓았는데 그 둘레는 약 2,800여 미터이며 성벽의 길이는 서, 남, 북벽이 각각 700여 미터, 동벽이 600여 미터이다. 성벽의 현존 높이는 대체로 5 내지 6미터, 밑부분 폭은 10미터, 성 안벽의 높이는 3 내지 5미터이다. 성벽 밖에는 북쪽과 벽으로부터 일정한 간격을 두고 동서 방향으로 길게 뻗은 폭 10여 미터의 해자(垓字 ; 성 밖으로 둘러서 판 못)가 설치되어 있다. 서쪽에는 통구하를 해자로 이용하였다.

고대 국가 시기 최초의 도성인 국내성에서는 왕궁터가 분명하게 확인되지 않아서 후기의 안학궁성과 비교할 길이 없으나 안학궁의 평면 구조와 유사한 배치 형식을 지녔을 것으로 짐작된다.

# 안학궁성

안학궁성은 평양으로 도읍을 옮긴 직후인 427년(장수왕 15) 무렵에 대성산성과 함께 건설되어 지금의 평양시에 해당하는 장안성으로 도읍을 옮긴 586년까지 고구려 후기의 왕궁이 있었던 곳이다. 고구려는 그 뒤 이곳을 발판으로 삼아 비약적인 발전을 거듭하였는데 장수왕(413~491년)은 평양 천도 뒤 줄곧 이 궁에 거처하였다. 안학궁성은 국내성에 비하여 주변에 강력한 군사 시설들(대성산성, 청암리토성, 고방산토성 등)을 갖추고 있어서 옹성이나 치 같은 방어용 시설물을 설치하지 않았다.

27쪽 사진　대성산성은 둘레 7,076미터로 북쪽에서 내려오는 묘향산 줄기의 지맥이 대동강 북안에 이르러 끝나는 높이 274미터 되는 고지를 중심으로 6개의 산봉우리를 성벽으로 둘러막았다. 남쪽에는 산기슭에서부터 대동강까지 구릉상의 대지가 있다. 동, 서쪽은 비교적 넓은 계곡을 이루었는데 이 계곡들은 광대산과 아미산 줄기와 연결되어

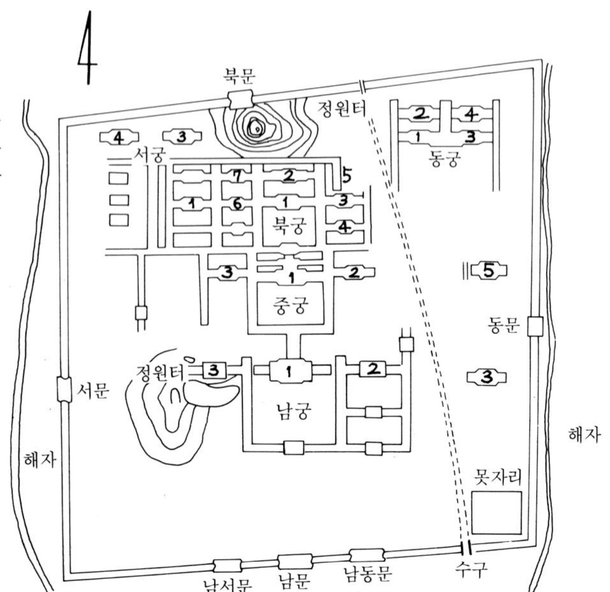


**안학궁성 평면도**　안학궁성은 고구려 후기의 왕궁이 있었던 곳으로 소문봉 남쪽 기슭에 자리잡고 있다. 궁전은 남북으로 배치하여 중심축을 형성하고 있다.

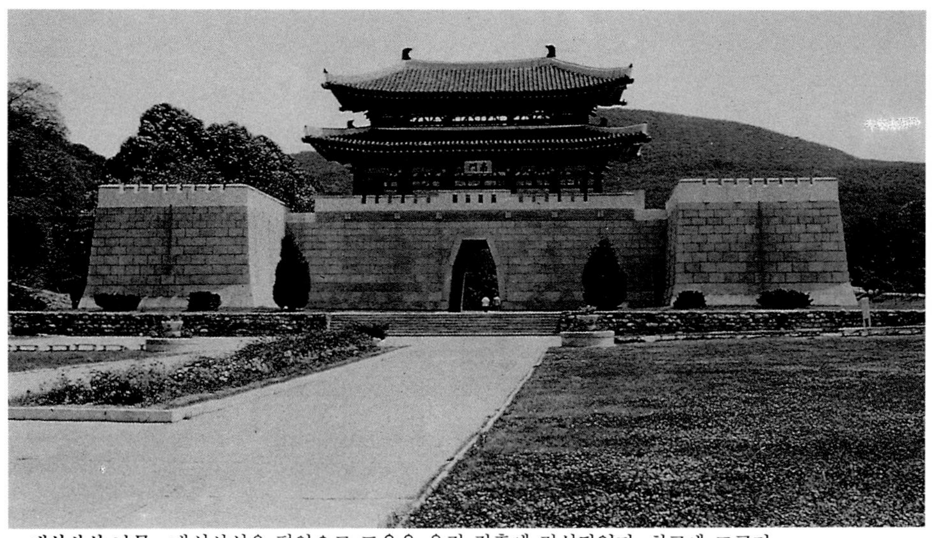

**대성산성 남문**　대성산성은 평양으로 도읍을 옮긴 직후에 건설되었다. 최근에 고구려
건축 양식으로 복원한 모습이다.

있다. 지정학적으로 이곳은 북쪽으로 대성산의 국사봉 산줄기를
타고 순천의 자모산과 연결된다. 또한 대동강 물줄기를 이용하여
평안남도 일대의 평야 지대와 통할 뿐만 아니라 남으로는 재령강
유역과도 연결된다. 그리고 육로로는 남으로 한강 연안, 북으로 압록
강 중상류 지방과 통한다.

안학궁성은 바로 대성산성의 소문봉 남쪽 기슭 완만한 경사지에
자리잡고 있다. 곧 북쪽에는 대성산성이 있는 대성산이 있고 앞에는
대성벌, 동쪽에는 장수천, 서쪽에는 합장강, 남쪽에는 대동강이 흐르
고 있다.

안학궁성은 성벽 한 변의 길이가 622미터, 넓이 약 38만 평방
미터나 되는 웅장한 토성으로 남벽과 북벽은 정동서향이나 동벽과
서벽이 3.5도 가량 서쪽으로 치우쳤기 때문에 성의 형태는 마름모꼴
에 가깝다. 성벽은 돌과 흙을 섞어서 쌓되 성벽 밑에서 위로 올라가

28쪽 그림

26쪽 그림

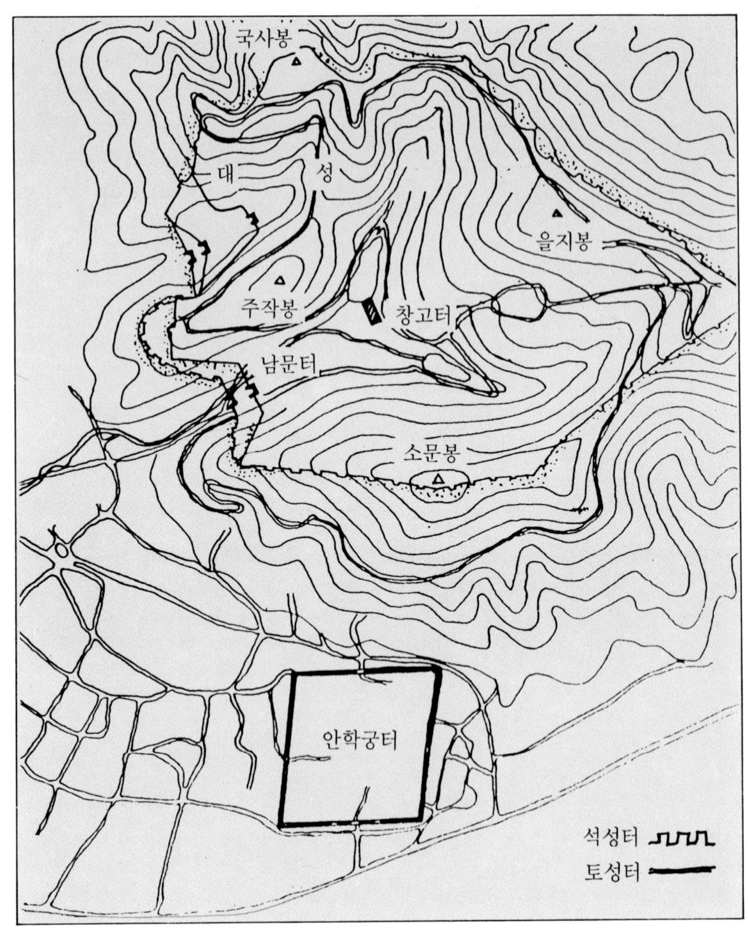


대성산 일대 고구려 유적 분포도

면서 바깥면을 조금씩 뒤로 밀면서 계단식으로 경사지게 쌓아올렸다. 성벽의 현존 높이는 4미터이나 원래 높이는 5미터쯤 되었던 것 같다.

문은 동, 서, 북 3벽에 각각 하나씩 냈고 남쪽 벽에는 3개를 냈는데 이 가운데 남벽의 가운데 문은 가장 커서 궁성의 정문이었을 것이다. 성벽의 네 모서리에는 각루터가 있다. 성벽 안에는 성벽을 따라 약 2미터 너비로 포장한 순환 도로를 냈다. 또 성벽의 문들을 연결한 도로, 궁전과 회랑, 못, 조산(造山) 등 규모가 크고 화려한 건축물과 시설물이 있었다.

해자는 따로 파지 않고 남북으로 흐르는 물줄기를 그대로 이용하였다. 세 물줄기의 가운데 물줄기는 성의 북벽을 뚫고 성 안 동쪽의 낮은 지역으로 흘러 들어가 호수의 수원(水源)으로 이용되었다. 물줄기가 뚫고 지나간 성벽에는 수구문을 설치한 흔적이 있으며 동쪽과 서쪽의 물줄기는 동서의 외벽을 따라 북안으로 흐른다.

궁전은 대체로 남벽 가운데서부터 도로를 기본축으로 하는 남북 선상에 4개를 배치하였다. 곧 남북 중심선 위에 남궁, 중궁, 북궁을 배치하여 중심 구성축을 형성하고 그 동쪽과 서쪽에 대칭으로 앉힌 동궁과 서궁을 통하는 보조축을 설정하였다.

남궁, 중궁, 북궁의 역할이 무엇이었는지는 분명하지 않으나 일반적인 궁궐 배치 형식에 비추어 보면 외전(外殿), 내전(內殿), 후궁(後宮) 또는 외조(外朝), 내조(內朝, 治朝), 연조(燕朝) 등이었을 것으로 해석된다.

서궁과 동궁은 남북 중심축과 나란한 보조축 위에 놓였는데 그 역할이 무엇이었는지 알 수 없지만 동궁은 일반적인 예에 비추어 태자궁이었을 것으로 짐작된다.

위의 궁들은 각각 하나씩의 건축군으로서 모두 안뜰이 넓고 회랑으로 둘려 있다.

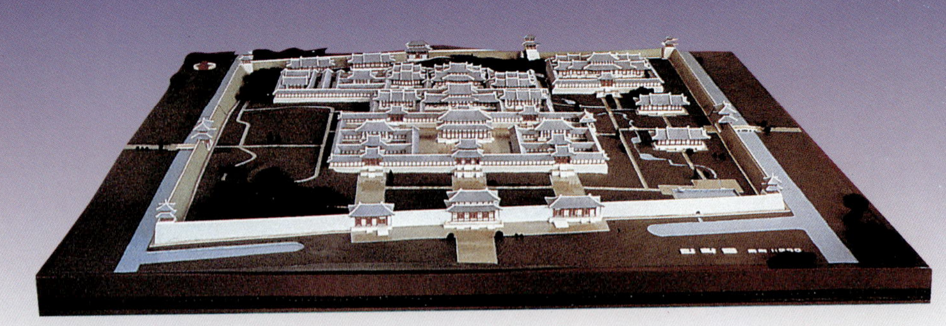

**안학궁 모형**  고구려 전성기의 궁궐인 안학궁의 전체 모습을 복원해 본 모형도이다. 남궁에서 북궁으로 가면서 터는 높아지고 건물은 낮아졌으며 각 궁 남회랑의 길이가 북쪽으로 가면서 점차 줄어든 것이 이 궁의 배치 특징이다. 1호 궁전터의 경우, 건물의 크기가 우리나라 최대 규모이다.(위)
**평양 출토 기와들**  평양에서 출토된 고구려시대의 기와들이다. 옆면 위는 연화문 수막새이고 그 아래는 양감이 풍부한 귀면와이다.

배치의 특징을 보면 남궁에서 북궁으로 가면서 터는 높아지고 건물은 낮아졌으며 각 궁 남회랑의 길이가 북쪽으로 가면서 점차 줄어들게 하였다. 건물의 크기는 1호 궁전터의 경우 앞면 87미터, 옆면 27미터(경복궁 근정전 앞면은 30.14미터, 황룡사 금당터 49미터, 발해 상경 용천부 제1절터 50.66미터)로 우리나라에서 최대 규모이다. 최근에는 평면 전체의 복원 및 일부 건물의 복원에 대한 계획안이 제시되어 있다. 또한 이 계획안을 근거로 한 모형이 만들어져 있어서 고구려 전성기의 궁궐인 안학궁의 모습을 조감해 볼 수 있다.

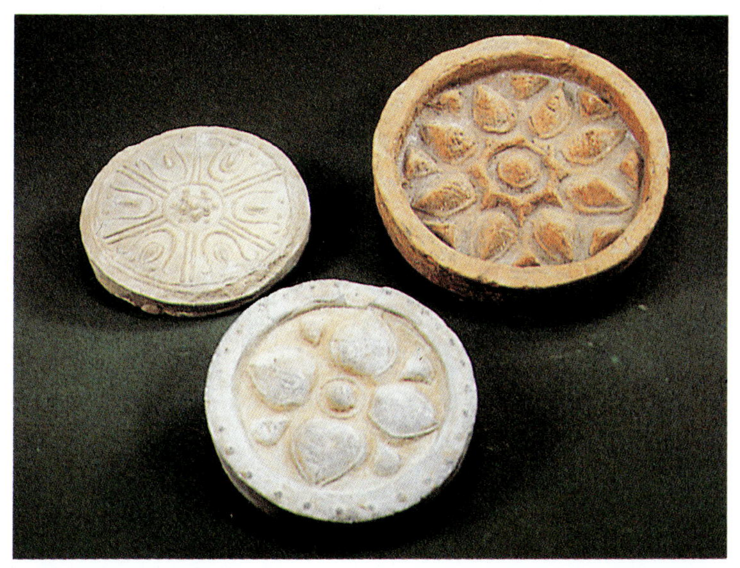

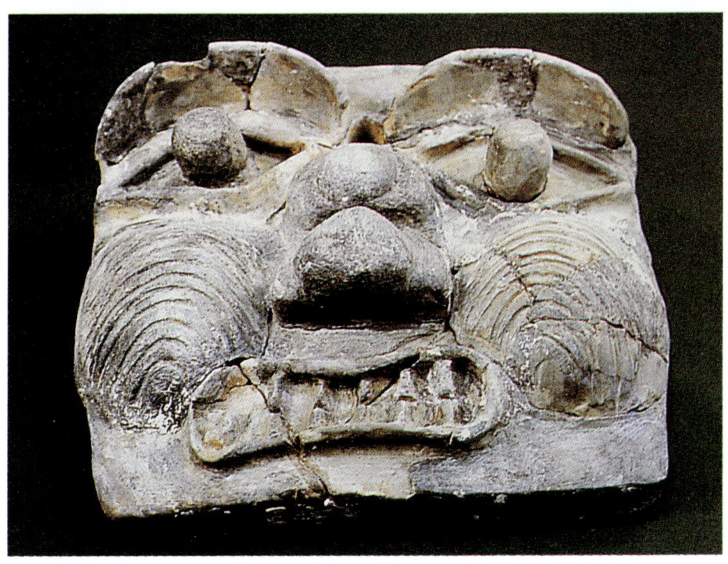

# 장안성

안학궁과 대성산성을 중심으로 이루어졌던 평양 초기의 수도는 586년(평원왕 28)에 다시 부근의 장안성으로 옮겨진다. 장안성은 552년(양원왕 8)에 쌓기 시작했으며 이로부터 34년이 지난 586년에 완공된 듯하다. 이때의 천도 이유는 분명하지 않으나 장안성이 새로이 지니게 된 특성을 보면 그 이유를 짐작할 수 있다. 곧 초기의 도성인 국내성과 안학궁성은 통치 계급의 주거 지역만을 보호하기 위한 목적에서 쌓았으므로 일반 주민들은 성 밖에서 살았다. 그러나 후기의 도성인 장안성은 도시 주민들이 모두 성 안에서 살게 되었으므로 성을 크게 쌓은 것이다.

고구려에서는 영토와 인구가 증대되고 생산이 늘어남에 따라 상업이 어느 정도 발전되었다. 당시 도시에는 봉건 지배층이 집중적으로 모여 살았으므로 많은 물자가 필요하였기 때문에 지방 특산물과 수공업 제품들은 자연히 도시로 집중되었다. 이에 따라 상인이나 수공업자들이 도시로 모여들게 되고 도시의 인구가 늘어나게 되었다. 「삼국유사」에 의하면 고구려 전성기 수도(주변 지역 포함)의 호수는 21만 508호에 이르렀다고 한다. 이렇듯 봉건 지배층과 그들에게 인적, 물적 자원을 공급할 상인, 수공업자들이 하나의 도시를 이루면서 공생할 필요가 커졌으므로 도시 전체를 방어할 성곽을 쌓아야만 했다. 장안성을 쌓음으로써 우리나라 왕조 시대의 도성은 궁성을 중심으로 하여 도시 전체 구획을 성벽으로 굳건히 둘러싼 정치, 경제, 문화 및 군사적 중심지로서의 면모를 갖추고 발전하는 새로운 단계에 들어서게 된다.

34쪽 그림    장안성은 평지성과 산성의 특성을 모두 구비한 평산성(平山城) 형식의 도성으로 새롭게 축조되었는데 북성, 내성, 중성, 외성 등 4개의 성으로 구성되었으며 그 둘레는 23킬로미터, 성 안 총면적은

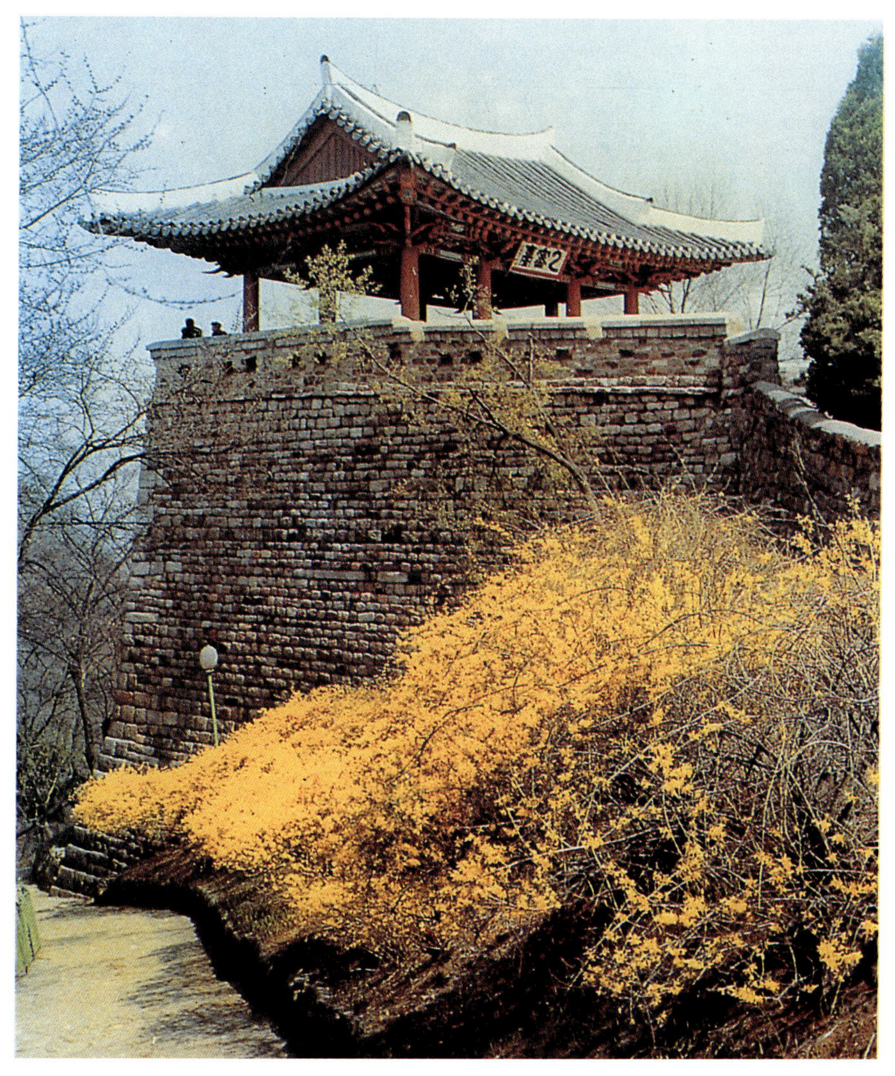

**장안성(평양성) 을밀대** 평양성의 내성 장대로 쓰던 곳으로 누정은 1714년에 고쳐 지은 것이지만·축대는 고구려시대에 쌓은 것이다. 축대 높이는 약 11미터이며 뒤뿌리 가 길게 사각추형으로 다듬은 화강석으로 밑에서부터 위로 올라가면서 점차 작은 것으로 맞물리게 하였다.

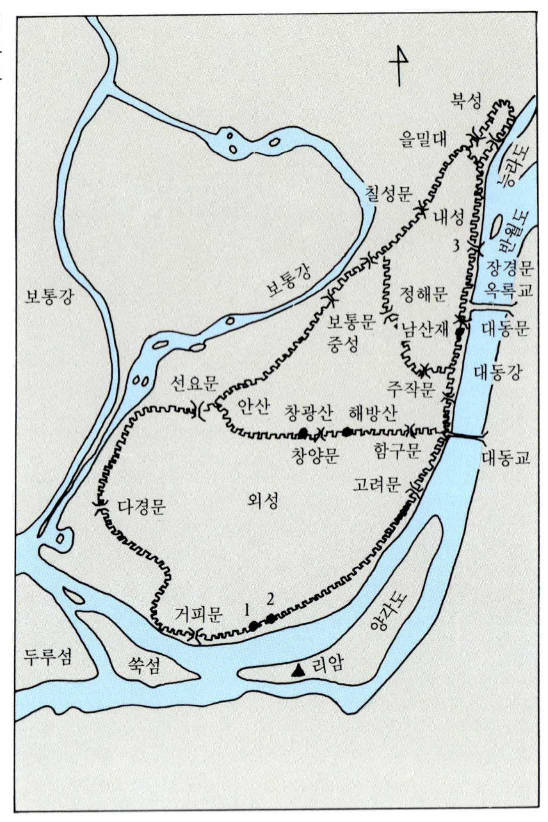



**장안성(평양성) 배치도**  평지와 산의 자연 지세를 이용하여 쌓은 장안성은 궁성을 중심으로 도시 전체 구획을 성벽으로 둘러쌌다.

1,185만 평방 미터에 이르는 큰 성이다. 평지와 산의 유리한 자연 지세를 잘 이용하여 쌓았는데 북쪽은 금수산의 최고봉인 최승대와 청류벽의 절벽을 뒤로 하고 그 동, 서, 남은 대동강과 보통강이 둘러 막았다. 이처럼 장안성의 지세는 산과 벌을 끼고 있기 때문에 남쪽에서 보면 뒤에 산을 지고 있는 평지성 같고, 북쪽이나 서북쪽에서 보면 모란봉과 만수대, 창광산, 안산 등을 연결한 산성이다.

대동문 아래에서 서북으로 남산재를 지나 만수대 서북 끝까지에 33쪽 사진
는 내성벽을, 그 북쪽에는 모란봉의 가장 높은 봉우리를 연결하여
북성을 쌓았으며 내성 남쪽으로는 오늘의 대동교에서 안산까지를
가로막은 중성벽을 쌓았다. 그리고 그 남쪽에는 대동강과 보통강
기슭을 둘러막아 외성을 쌓았다. 가운데 내성에는 왕궁, 중성에는
통치 기관, 외성에는 시민들의 거처를 두도록 구획되었으며, 북성은
장안성의 방어력을 높이기 위하여 모란봉의 험한 지세를 이용하여
내성에 덧붙여 쌓은 겹성이다.

한편 평양성 성벽에서 발견된 성돌들에 의하면 내성과 북성은 36쪽 사진
566년에, 외성과 중성은 569년에 쌓았음을 알 수 있다. 성 밖은 대동
강과 보통강이 천연적인 해자를 이루고 있으며 다만 만수대 서남단
에서 칠성문을 지나 을밀대와 모란봉에 이르는 구간만은 성벽 안팎
에 해자를 팠다. 안쪽에는 성벽 밑에서 약 3미터 안쪽에 10미터
너비로 해자를 팠고, 밖으로는 약 20 내지 30미터 떨어진 경사면에
5미터 너비로 구덩이를 팠다.

성문은 여러 곳에 있었을 테지만 현재까지 성문터로 알려진 곳은
4곳이다. 중성의 서문에 해당하는 보통문의 여러 주춧돌 가운데
일부는 고구려 때의 것이며 중성 남문에 해당하는 정양문 부근에
드러나 있는 주춧돌 2개 역시 고구려시대 것이므로 이곳에 고구려
때에도 성문이 있었음을 알 수 있다.

외성에는 자갈로 포장한 도로가 있었는데 도로들과 도로들 사이
에는 규칙적으로 배치된 이방(里坊)들이 있었다. 도로에는 좁은
길과 넓은 길이 있으며 큰 길 사이에 좁은 길을 내어 4개의 이방이
단위를 이루면서 전(田)자 모양으로 배치되었다. 田 모양의 이방
제도는 신라의 수도였던 경주와 백제의 수도였던 사비성에서도
공통적으로 썼으며 나아가서는 일본의 평성경(平城京)과 평안경
(平安京)에서도 8세기 이후에 이 제도를 썼다. 한편 일본 평성경의

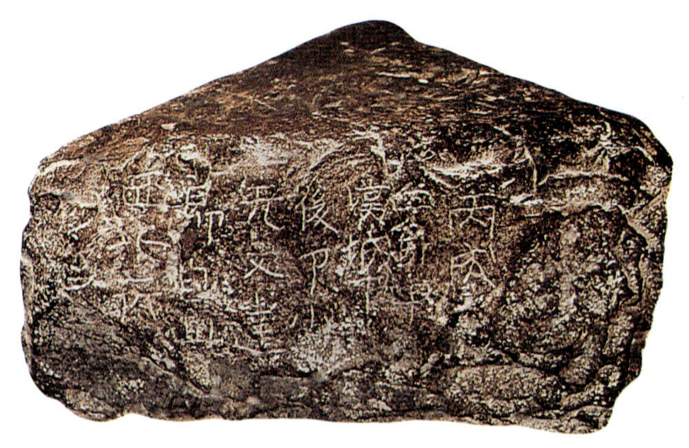

**장안성(평양성) 성돌**  장안성에서는 고구려 때 글자를 새긴 성돌이 여러 점 발견되었다. 경상동에서는 "丙戌十二月□漢城下後□小兄文達節自此西北涉之"라 새긴 성돌이 발견되었다.

건설은 판상기촌인웅(坂上忌寸忍熊)이라는 사람이 대장(大匠)이 되어 이룩한 것인데 그는 가야국 가운데 아야(安耶, 安羅, 安那)로부터 일본으로 건너간 사람들인 아야씨(漢氏)의 후손임이 밝혀져 일본 고대의 도성 계획에도 우리나라 사람이 지대한 공헌을 하였음을 알 수 있다.

고구려 도읍은 통구에서 대성산 일대의 평양으로, 다시 장안성 일대의 평양으로 옮기면서 국가의 발전과 상응하는 도성과 궁성을 갖추었다. 초기에는 평성과 산성을 유기적으로 관련짓되 일정한 거리를 두고 따로 건설하였다. 그러나 장안성에서는 이들을 결합한 평산성을 쌓고 그 안에 이방 체제를 갖춘 도시를 형성하여 일반 백성들도 성 안에서 살게 하였다.

현재 국내성이나 장안성 내성의 궁궐터는 확인하기 어려운 실정이며 다만 안학궁만이 발굴 조사되어 고구려 전성기 궁궐 건축의 일단을 잘 보여 주고 있다.

# 백제 궁궐

백제(百濟)는 원래 진왕(辰王)이 지배하는 마한(馬韓)을 구성하는 성읍 국가의 하나인 백제가 발전한 것이다. 백제(伯濟)가 언제부터 한강 유역 일대의 여러 성읍 국가를 거느리는 연맹 왕국(聯盟王國)으로 성장하였는지는 확실치 않다.

「삼국사기」에 의하면 백제의 역사는 기원전 18년부터 663년까지로 32대(代) 681년 동안 지속되었다.

시기 구분은 수도가 있던 지역을 중심으로 하여 3기로 나누는데 1기는 기원전 18년부터 475년까지의 한성 시대(漢城時代), 2기는 475년부터 538년까지의 웅진 시대(熊津時代), 3기는 538년부터 663년 멸망할 때까지의 사비 시대(泗沘時代)이다.

여기서는 「삼국사기」와 「삼국유사」 등에 나오는 도성 및 궁궐에 관한 기록과 최근의 고고학적 연구 성과를 참고하여 위의 시기 구분에 따라서 백제의 궁궐과 도성에 대해 살펴보고자 한다.

# 제1기 한성 시대

기원전 18년(온조왕 1)부터 서기 475년(개로왕 21)까지이다.
이 시기에 백제는 연맹 왕국 단계를 거쳐서 중앙집권적인 귀족 국가
로 성장한다. 근초고왕(346~375년) 때에 이르러서는 영토가 최대
로 넓어지고 동진(東晉), 왜(倭)와 교류하여 국제적인 지위도 확고
해짐에 따라서 왕권이 전제화된다. 부자 상속(父子相續)에 의한
왕위 계승이 시작되는 것도 이때부터이다. 근초고왕 26년(371)에는
도읍을 한산(漢山)으로 옮겼으며, 30년에는 강화된 왕권과 정비된
국가의 면모를 과시하기 위하여 국사책인 「서기(書記)」를 편찬하게
하였다.

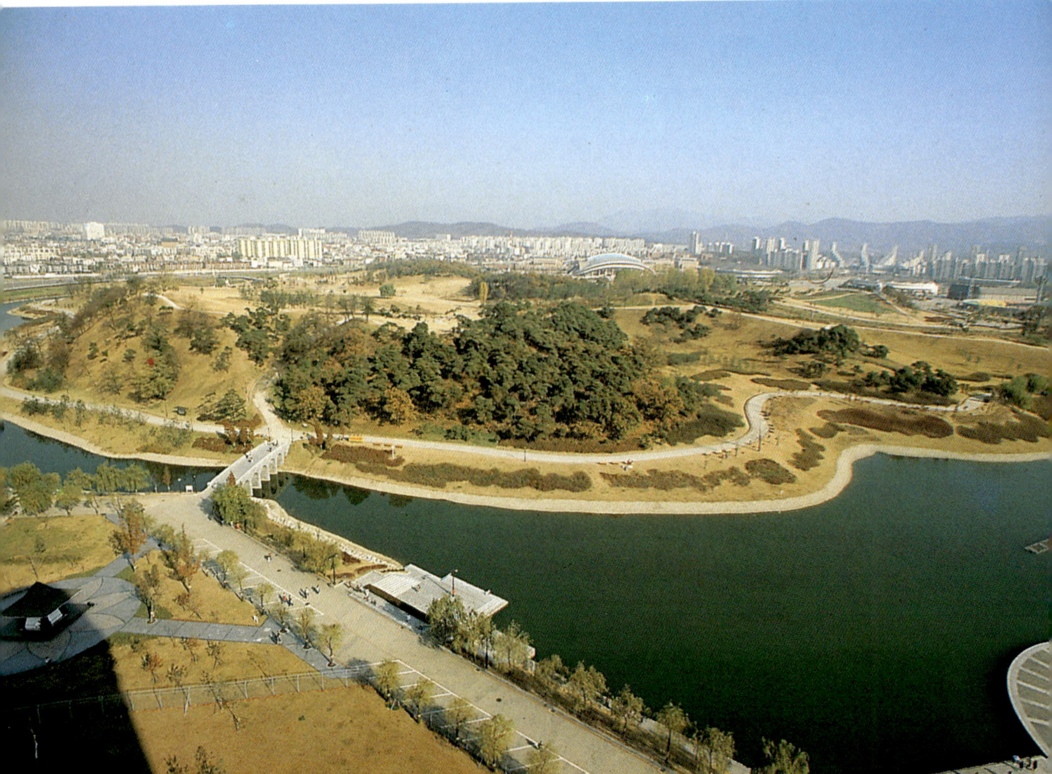

**몽촌토성 현황**  대표적인 백제 초기의 성으로 타원형의 내성과 그 바깥에 달린 외성으로 나누어져 있었다. 최근에 발굴, 복원되었으며 현재는 올림픽 공원 안에 있다.

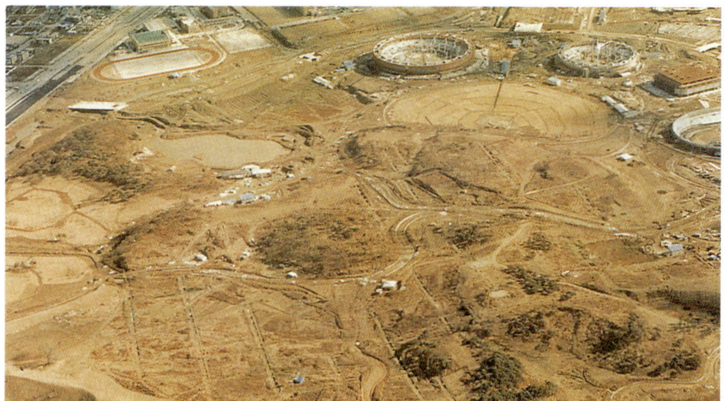

복원 전의
몽촌토성

　이 시기의 도읍인 한산의 위치가 어디인가에 대해서는 여러 가지 견해가 있으며, 한산으로 옮기기 전의 도읍지인 하북 위례성(河北慰禮城)이나 하남 위례성(河南慰禮城)의 위치에 대해서도 견해가 일치하지 않고 있다. 또 391년(진사왕 7)에 한산으로부터 한성으로 다시 도읍을 옮겼다는 주장도 있다. 이렇게 견해 차가 생기는 것은 '도(都)'라는 말이 가리키는 대상이 분명하지 않기 때문이다.

　도는 경우에 따라서 도읍지, 도성, 왕도, 왕궁 등을 가리키기 때문에 "도를 옮겼다"는 기록이 왕궁만을 옮긴 것을 뜻할 때도 있고 도읍지 전체를 옮겼음을 의미할 때도 있다. 이 문제에 대해서는 도의 개념이 정치, 경제, 문화의 중심지일 때와 왕성(王城;이 말은 왕궁, 궁성과 일치한다)만을 가리킬 때로 나누어 생각해야 해결될 듯하다. 곧 한성 시대에 하북 위례성으로부터 하남 위례성, 한산, 한성 등으로 이도(移都), 천도(遷都)했다는 것은 왕성만을 옮긴 것을 뜻한다고 해석해야 한다. 반대로 한성에서 웅진으로, 웅진에서 사비로 이도한 것은 정치, 경제, 문화의 중심지 곧 도읍지를 옮긴 것이다. 이 도읍지 전체를 둘러막아 성을 쌓았을 때 이를 도성이라고 부를 수 있기 때문에 엄밀한 의미에서 한성 시대에는 왕성은 있으나 도성은 없었다고 할 수 있다.

위에서 말한 것처럼 각각의 왕성 위치 및 유적에 대해서 여러 설이 있기는 하지만 공통적으로 언급되고 발굴 조사까지도 행해진 곳이 있다. 몽촌토성, 풍납리토성, 이성산성 등이 그것이다. 그러나 발굴 조사에서 밝혀진 건축 유적 가운데 「삼국사기」에 보이는 궁실 터로 여길 만한 집터는 아직 분명하게 드러나지 않고 있다. 근초고 왕 이후에 전제 왕권이 성립되고 국토가 확장되었으며 국제적인 외교 활동까지도 벌였다는 문헌 기록에 상응하는 한성 시대 궁궐의 실상은 아직도 거의 밝혀지지 않고 있는 셈이다.

4세기 말인 침류왕 원년(384)에 불교를 받아들여 고대 국가의 정신적 통일을 꾀하는 등 발전을 계속해 간 백제는 고구려가 427 년(장수왕 15)에 평양에 천도하여 안학궁과 대성산성을 짓고 이를 발판으로 끊임없이 침략해 오자 신라와 동맹을 맺는 한편 중국의 북위(北魏)에까지 사신을 보내어 군사를 청하였다. 그러나 결국 475년 장수왕의 침략을 받아 개로왕은 전사하고 도읍을 웅진으로 옮기게 된다.

이후 한강 유역은 3국의 쟁탈지가 되었기 때문에 백제의 한성 시대 문화를 보여 줄 유적과 유물은 거의 남지 않게 되었다. 다만 「삼국사기」 '백제본기'에 의하면 궁안에는 회나무를 심었고 우물과 연못(산을 만들고 진기한 새를 기르고 꽃을 심었다고 함)을 두었으 며, 궁의 서쪽에는 활쏘는 대를 조성하고 궁의 남쪽에는 못을 만들 어 놓았음을 알 수 있다. 건축에 대해서는 "검소하되 누추하지 않고 화려하되 사치스럽지 않다"는 상투적 설명만이 기록되어 있다. 한성 시대의 마지막 임금인 개로왕은 흙을 구워 성을 쌓고 성 안에 궁실, 누각, 대사(臺榭)를 장려하게 만들었기 때문에 국력을 낭비한 결과 고구려의 침략을 막지 못하고 한성을 빼앗기게 되었다는 기록이 이 시기 궁궐 건축에 대한 가장 자세한 기록이다.

# 제2기 웅진 시대

한성에서 웅진(공주)으로 도읍을 옮긴 475년(문주왕 1)부터 웅진에서 다시 사비(부여)로 천도한 538년(성왕 16)까지의 60여 년 사이이다. 수도를 잃고 갑작스레 남쪽으로 옮겨 간 왕실은 실추된 왕권을 회복하고 왕실의 안정을 도모하였으나 한성 지역에 세력 기반을 둔 옛 귀족이 왕을 살해하고 반란을 일으키기까지 하였다. 문주왕의 뒤를 이은 삼근왕이 재위 3년 만에 죽자 왕권은 매우 불안정한 상태에 놓이게 된다. 그러나 동성왕(479~501년)은 20여 년 동안 왕위에 있으면서 한성으로부터 내려온 귀족 세력과 웅진성 지역의 신흥 귀족 세력을 조정하여 왕권의 신장을 꾀하였다. 곧 우두성을 비롯한 5개 성을 쌓는가 하면 웅진성 안 궁궐 동쪽에 임류각(臨流閣)이라는 고층 누각을 지어 신하들에게 연회를 베풀 만큼 왕권을 안정시켰다.

발굴 조사에 의해 임류각 터는 공산성(公山城)의 진남루(鎭南樓)와 동문터의 중간 지대 곧 남쪽 성곽에서 약 35미터 북쪽에 위치하고 있는 건물터로 추정되었다. 주춧돌의 형식과 배열이 고층 건물에 적합한 것으로 보여 그렇게 추정되었는데(1988년 공주사대 박물관 발굴 조사) 평면은 남쪽 5칸(10.4미터), 동쪽 6칸(10.4미터)의 정방형이며 높이 50자인 고층 건물이 세워져 있던 것으로 밝혀졌다. 그러나 임류각 앞에 팠다는 못은 확인되지 않았다.

공산성 안에서는 임류각말고도 궁궐 중심부 건물터로 추정된 건물터와 연못, 목곽고(木槨庫) 등이 발굴되었다. 그러나 궁궐 중심부일 것으로 추정된 곳에서 왕궁 건물에 합당한 유구(遺構)가 충분하게 드러난 것은 아니다. 더구나 웅진성이 공산성이라는 확증은 아직 없다. 따라서 웅진 시대 백제 궁궐의 모습은 앞으로의 연구에 의해서 구체적으로 밝혀져야 할 것이다.

43쪽 사진

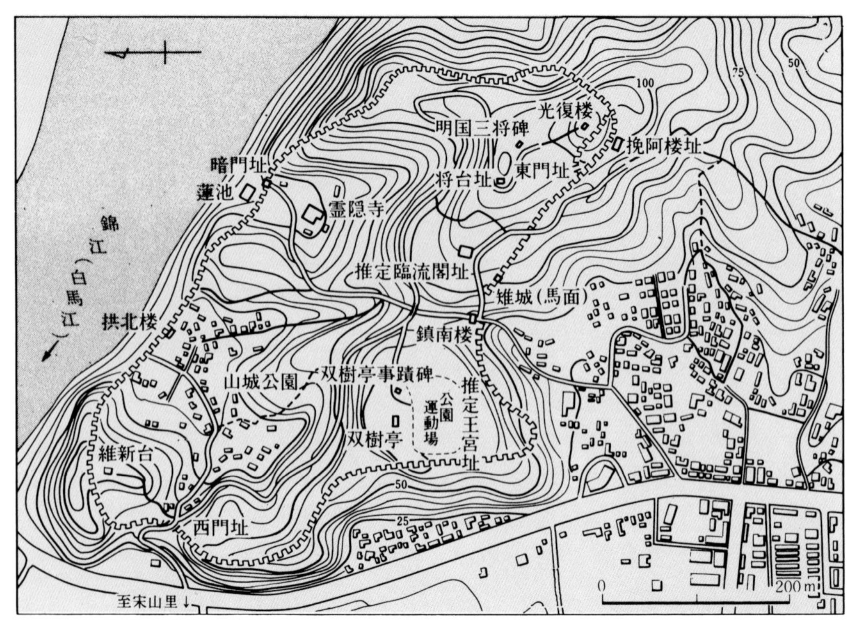


공산성 평면도(위, 오른쪽)
공산성  웅진 시대 백제의 임시 도읍이었던 공산성은 산 위에 쌓았다. 옆면 위는 백마강을 낀 쪽의 성곽으로 정면에 있는 누정이 공북루이다. 그 아래는 공산성 추정 왕궁터를 발굴하던 당시의 모습으로 이곳은 발굴되기 전까지는 운동장으로 사용되었다.

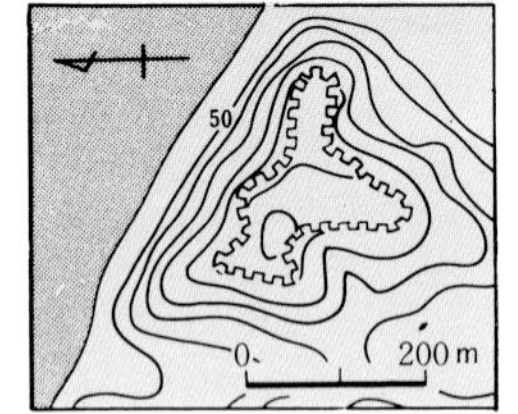


　　무녕왕(501~523년) 때에는 왕권이 재확립된 듯 중국의 양(梁) 나라로부터 '영동대장군(寧東大將軍)' 곧 중국의 동쪽을 평안하게 만들었다는 칭호를 받기도 하였다. 이때의 궁궐에 관한 기록은 없으나 그가 죽은 뒤 축조된 무녕왕릉의 건축술로 미루어볼 때 상당히 높은 수준의 왕궁 건물이 있었을 것으로 보인다.

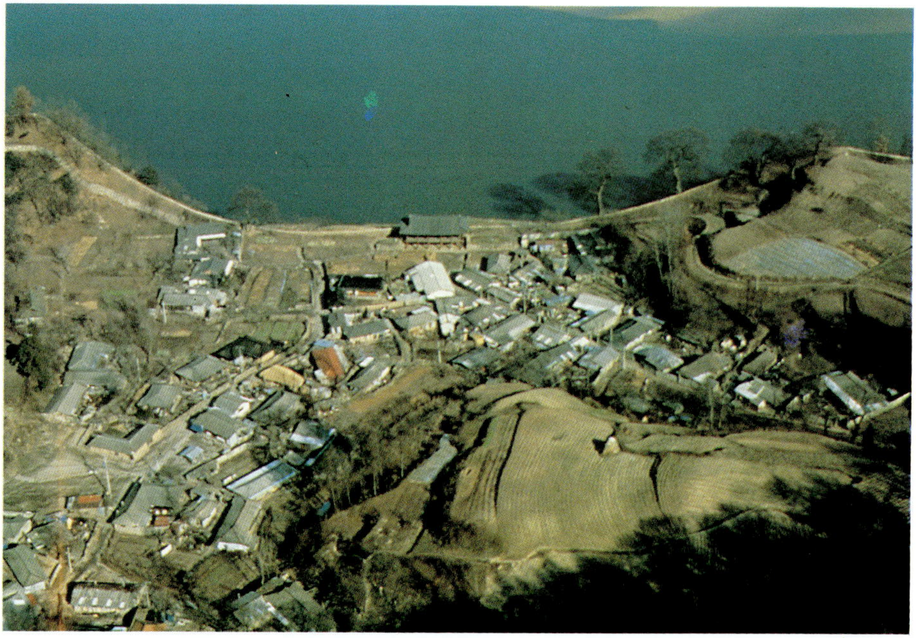

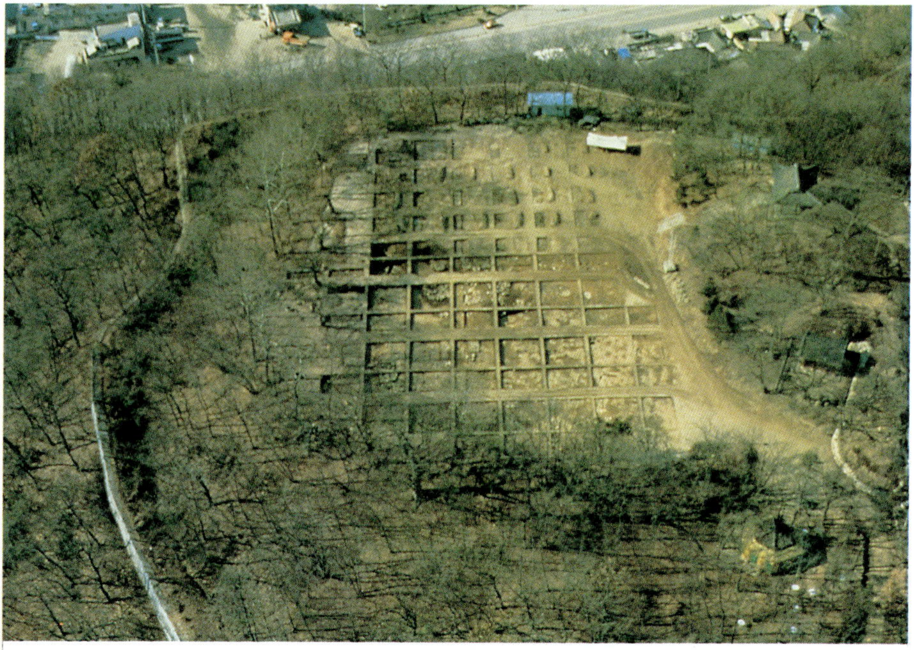

# 제3기 사비 시대

무녕왕의 아들로서 뒷날 백제를 중흥한 임금으로 평가되는 성왕 (523~554년)은 4년(526)에 웅진성을 보수하고 16년(538)에 사비(부여)로 도읍을 옮기고 나라 이름도 남부여(南扶餘)로 바꾼다. 아마 백제가 새로운 발전의 터전을 마련하기 위해서는 웅진 같은 산골짜기를 벗어나서 넓은 벌판에 새로운 도읍을 경영할 필요가 있었던 것 같다. 이때의 천도는 계획적인 것이었고 더구나 국가를 중흥하겠다는 강력한 의지를 가지고 시도된 것이었기 때문에 천도를 시행한 538년보다 훨씬 이른 시기부터 왕궁과 도성을 계획, 설계하였을 것으로 짐작된다.

현재 부여 시가지 주변에서 발견되는 성터는 당시에 도성으로 쌓은 나성(羅城)의 유적이며, 부소산의 산성은 부여로 천도하기 이전부터 있던 산성을 확장한 것으로서 최후의 방어 거점일 뿐 궁성은 아니다. 또 시가지가 계획적으로 건설된 것임을 밝혀 줄 백제시대 도로 유적이 발굴되기도 하는 등 고고학적 조사를 통하여 이러한 추정을 입증하려는 노력이 계속되고 있으나 아직은 사비 시대 도성의 존재에 대한 실마리를 얻은 단계일 뿐 왕궁터와 관청 밀집 지역은 조사 단계에 있다.

백제는 일찍부터 일원화된 관등(官等)을 갖추어 중앙집권적 귀족 국가를 형성하였다. 또 사비 시대에 이르러서는 중앙에 내관(內官) 12부, 외관(外官) 10부 등 22부에 이르는 정비된 관부(官府)를 갖추어 국정을 시행하였다. 그러므로 사비 시대의 왕궁 및 관부의 위치를 확인하고 발굴 조사를 통하여 그 성격을 밝힌다면 우리나라 고대의 궁궐 연구는 크게 진전될 것으로 기대된다. 현재는 부소산 남쪽 기슭의 부여박물관에서 부여여자고등학교에 걸친 관북리, 쌍북리 일대가 왕궁터로서 유력하다. 박물관은 조선시대 부여현의 관아가

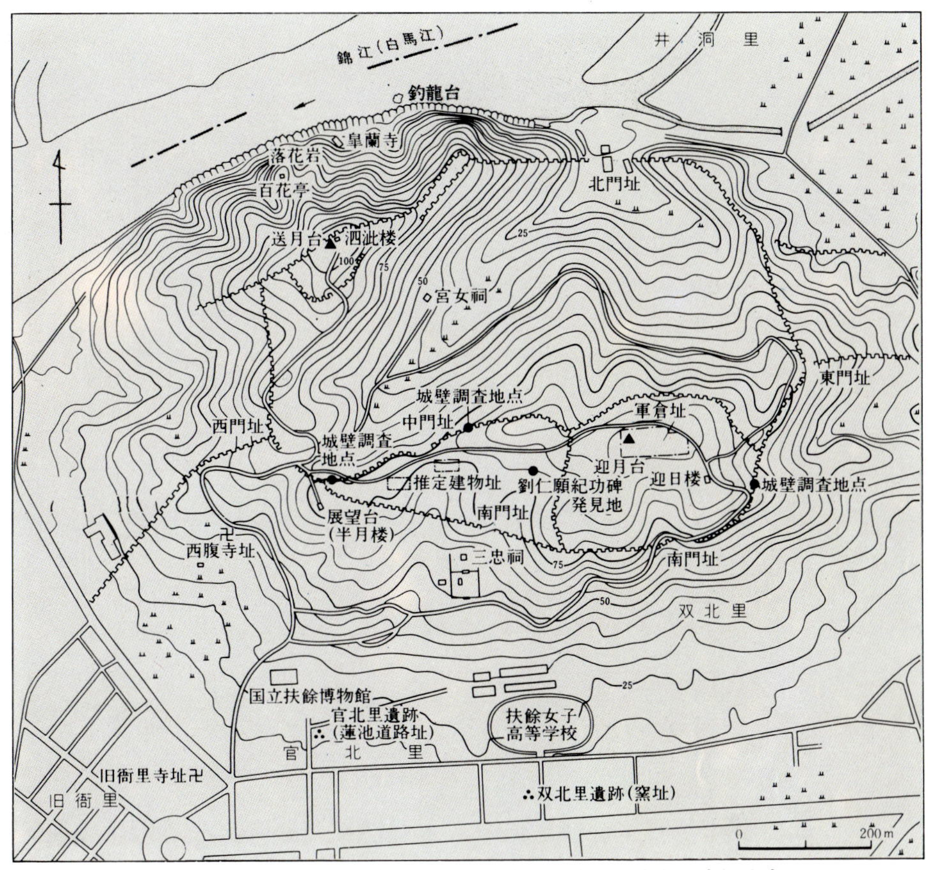



**부소산성 유적 배치도**　삼국 가운데 가장 많은 성을 쌓았던 백제는 토성과 목책을 많이
설치하였다. 부소산성은 궁성이 아닌 최후의 방어 거점으로 설치된 토성이다.

있던 곳에 세워졌는데 이 자리는 원래 백제시대의 건물터이다.
1982년부터 1983년까지 박물관 정문 앞을 발굴하였는데 호안 석축
(護岸石築)이 있는 사각형 연못이 검출되기도 하였다.
　한편 문헌 기록상 주목되는 것으로는 무왕 때 신하들에게 연회를
베풀었다는 망해루(望海樓)와 의자왕이 왕궁 남쪽에 세웠다는 망해
정(望海亭) 및 의자왕이 지극히 사치스럽고 화려하게 수리했다는

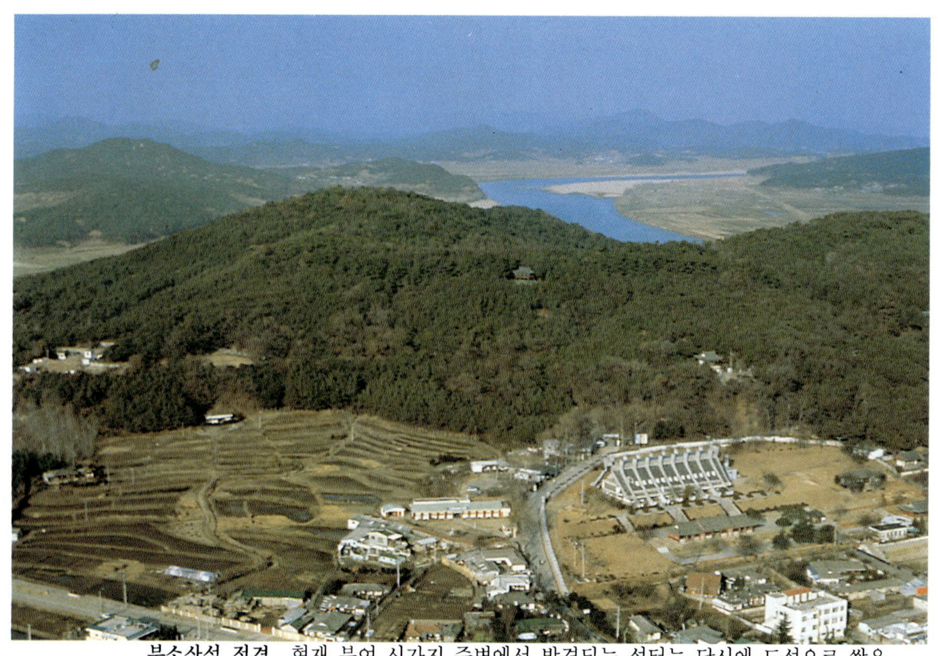

**부소산성 전경** 현재 부여 시가지 주변에서 발견되는 성터는 당시에 도성으로 쌓은 나성의 유적으로 궁성은 아니다. 또 시가지가 계획적으로 건설된 것임을 밝혀 줄 백제시대 도로 유적이 발굴되기도 하였으나 아직은 사비 시대 도성의 존재에 대한 실마리를 얻은 단계일 뿐이다.

태자궁(太子宮) 등이 있다. 또 무왕 35년(634)에 "궁 남쪽에 못을 파고 20여 리 밖에서 물을 끌어들였으며 못가에는 버드나무를 심고 못 안에 방장선산(方丈仙山)을 모방하여 섬을 쌓았다"는 기록도 있다. 이 기록상의 연못을 현재의 궁남지(宮南池)와 대응시키고 있으나 발굴 조사를 통하여 확증을 얻은 것은 아니다. 다만 궁남지 동쪽 화지산(花枝山)에 남아 있는 우물, 건물터 등과 함께 백제의 이궁(離宮)에 속해 있던 원지(苑池)로 추정될 뿐이다. 이 망해정과 궁남지를 통일신라시대의 임해전과 안압지의 관계에 연결시켜 둘 다 도교의 신선 사상(神仙思想)을 바탕으로 하여 조성되었다고 해석 하는 것이 일반적이다.

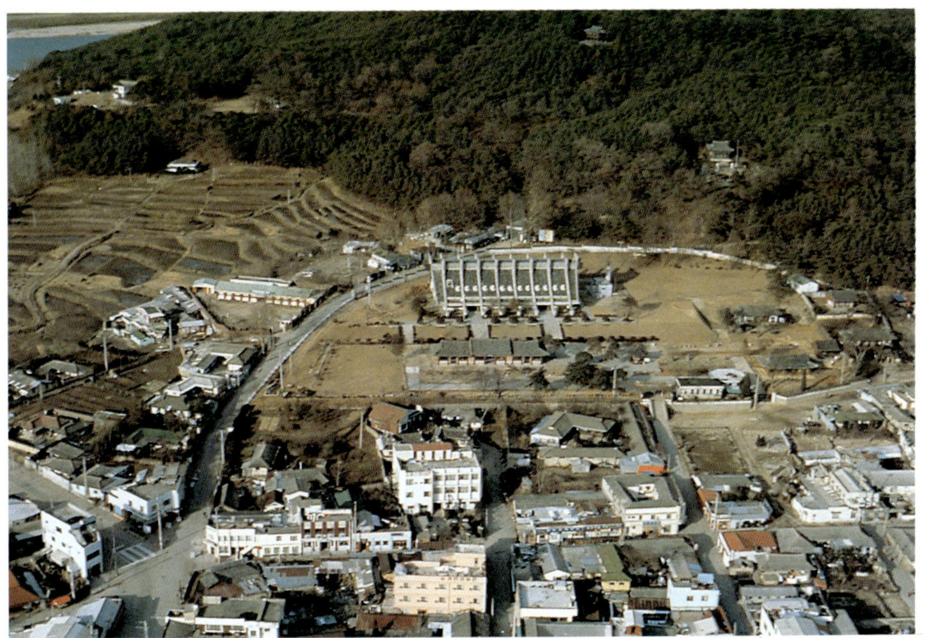

**왕궁 추정 지역**　현재 부소산 남쪽 기슭의 부여박물관에서 부여여자고등학교에 걸친 관북리, 쌍북리 일대가 왕궁터로서 유력하다. 부여박물관은 조선시대 부여현의 관아가 있던 곳에 세워졌는데 이 자리는 원래 백제시대의 건물터이다.

　태자궁은 태자로 책봉된 왕자가 왕위를 계승하기 전까지 거처하면서 왕으로서 해야 할 도리를 교육받는 곳으로서 부자 상속을 원칙으로 하는 중국의 왕위 계승 제도 아래에서 성립된 궁실 제도의 하나이다. 그런데 삼국시대의 궁궐에 관한 기록 가운데에서 태자의 거처를 분명하게 태자궁이라고 부른 것은 백제 의자왕 15년 2월과 19년 2월의 기록뿐이다. 그런데 의자왕 때에는 태자를 책봉했다는 기록이 없어서 왜 이 시기에 태자궁을 수리하게 되었는지가 분명하지 않다. 또 백제의 태자 책봉은 시조인 온조왕 28년(10)부터 이미 시작되었음에도 불구하고 태자의 거처로서 태자궁을 따로 마련한 것이 언제부터인지 기록되어 있지 않고, 백제 말기인 의자왕 때에 와서야 태자궁의 존재를 알리는 기록이 처음 나온다.

고구려의 경우에는 28왕 가운데 16왕이 태자를 책봉한 사실이 「삼국사기」 '고구려본기'에 실려 있을 뿐 태자궁에 대한 언급은 따로 없다.

신라의 경우에는 통일 이전에는 29왕 가운데 5왕만이 태자를 책봉한 사실이 있고 태자궁에 대한 기록은 전혀 없다. 통일 이후에는 27왕 가운데 13왕이 태자를 책봉하고 있어서 왕위의 부자 상속이 강화되기는 하였지만 왕의 딸, 사위, 동생 등이 왕위를 계승한 예가 여전히 많다.

통일 직후인 문무왕 19년(679)에 동궁(東宮)을 창조하였다는 기록이 있고 현재 안압지 서쪽과 남쪽에서 발굴된 건물터가 동궁일 것으로 추정되고 있다. 또 동궁을 동쪽에 있는 궁궐이 아니라 태자궁일 것으로 해석하는 경향이 많다. 그러나 문무왕 5년에 정명(뒤의 신문왕)을 태자로 삼았다는 기록, 54대 왕인 경명왕이 53대 신덕왕의 태자라는 기록 등 13군데에 걸친 태자에 관한 기록 가운데 태자가 동궁에 거처했다는 기록은 아무데도 없다. 흔히 41대 헌덕왕이 14년(822)에 동생을 부군(副君;태자를 나타내는 말로 해석)으로 삼아 월지궁(月池宮)에 들게 하였다는 기록을 근거로 월지궁이 동궁이니까 동궁은 태자의 거처인 태자궁이라고 해석하고 있다. 그러나 현재까지 발굴된 건물터의 규모는 태자가 거처하고 교육받는 장소만으로 보기에는 너무 크며, 태자궁에 월지(안압지)가 정원으로 부속될 만큼 태자의 권력이 막강했었다고 보기는 어렵다. 따라서 백제의 태자궁과는 달리 신라의 동궁은 월성의 동쪽에 있는 궁궐이라는 뜻의 동궁이거나 통일 이후에 확대된 왕권을 과시하기 위해 궁궐을 크게 증수하는 과정에서 태자궁으로서의 동궁을 궁궐(월성 및 그 북쪽 밖 해자 부근, 현재 국립경주박물관 자리와 안압지 등을 포함하는 광대한 영역) 안 동쪽 어디인가에 지었다는 뜻으로 해석하는 것이 무리가 없을 듯하다.

# 신라 궁궐

신라는 기원전 57년(혁거세거서간 1)부터 935년(경순왕 9)까지 56대 992년 동안 존속한 고대 국가로서 7세기 중엽에 이르러 고구려와 백제를 평정하여 삼국 통일을 이룩하였다. 국호를 신라로 결정한 때는 503년(지증왕 4)이다.

신라의 역사는 크게 통일을 전후한 두 시기로 나눌 수 있으며 이를 다시 세분하여 세 시기 또는 여섯 시기로 나누기도 하는데 여기서는 여섯 시기 구분법을 따르기로 한다. 이러한 시기 구분은 궁궐 건축의 발전 과정을 이해하는 데도 유용하다고 생각되는데 그 이유는 고대 국가의 형성 과정과 왕권의 변천을 기준으로 한 시기 구분이기 때문이다.

## 제1기

제1기는 기원전 57년부터 356년(흘해니사금 47)까지로 연맹 왕국의 완성기로 부를 수 있다. 신라도 다른 초기 국가와 마찬가지로 처음에는 성읍 국가로 출발하였는데 경주 평야에 자리잡고 있던 급량(及梁), 사량(沙梁), 본피(本彼), 모량(牟梁), 한기(漢岐), 습비(習比) 등 여섯 씨족의 후예들로 구성되었다. 최초의 지배자로 추대된 혁거세는 급량 출신으로 사량 출신인 알영과 혼인하였다고 하며 이 두 씨족은 뒤에 성씨제가 도입되었을 때 각각 박씨, 김씨로 칭하였다. 그 뒤 탈해가 영도하는 석(昔)씨 세력이 진출하여 3성이 지배층을 형성하였고 주변의 여러 성읍 국가들을 정복하면서 연맹 왕국으로 발전하였는데 신라를 맹주로 한 국가 통합은 4세기 중엽에 완성된 것으로 보인다.



　「삼국사기」와「삼국유사」를 보면 혁거세 21년(기원전 37)에 금성(金城)을 쌓아 경성(京城)으로 삼았으며, 5대 파사니사금 22년(101)에 월성(月城)을 쌓고 왕이 이곳으로 옮겨 거처하였다. 또 기원전 32년에는 금성 안에 궁실을 지었는데 이때 지은 궁실은 143년, 196년, 314년에 수리되었으며 특히 314년에는 궁실이라 하지 않고 '궁궐'이라고 하여 처음으로 궁궐이란 용어를 사용하였으나 그 의미는 궁실과 같다. 금성은 둘레에 동서남북 4문을 둔 궁성으로 성 안에는 그 시기에 거서간, 차차웅, 이사금 등으로 불린 지배자가 거처한 궁궐이 있었고 우물과 연못(宮東池)이 있었음을 알 수 있다. 또 138년에는 신하들과 정치를 의논하는 곳으로 정사당(政事堂)도 설치되었으며 궁 남쪽에는 같은 기능을 가진 남당(南堂)이 249년에 건립되었다. 이때의 궁궐은 어떤 건물로 구성되었는지 알 길이 없으나 다만 그 시기 지배자의 권력에 대응하는 소규모의 건물들로 이루어졌을 것으로 짐작된다. 이 시기에는 시조묘(始祖廟)도 세워졌고, 사릉원(蛇陵園)이라는 특정 구역이 왕의 무덤 자리로 정해져 있기도 하였다.

　한편 경성을 중심으로 그 주변 지역을 경도(京都), 경사(京師) 등으로 부르는데 제1기까지는 경성 외부의 왕경인(王京人)들이

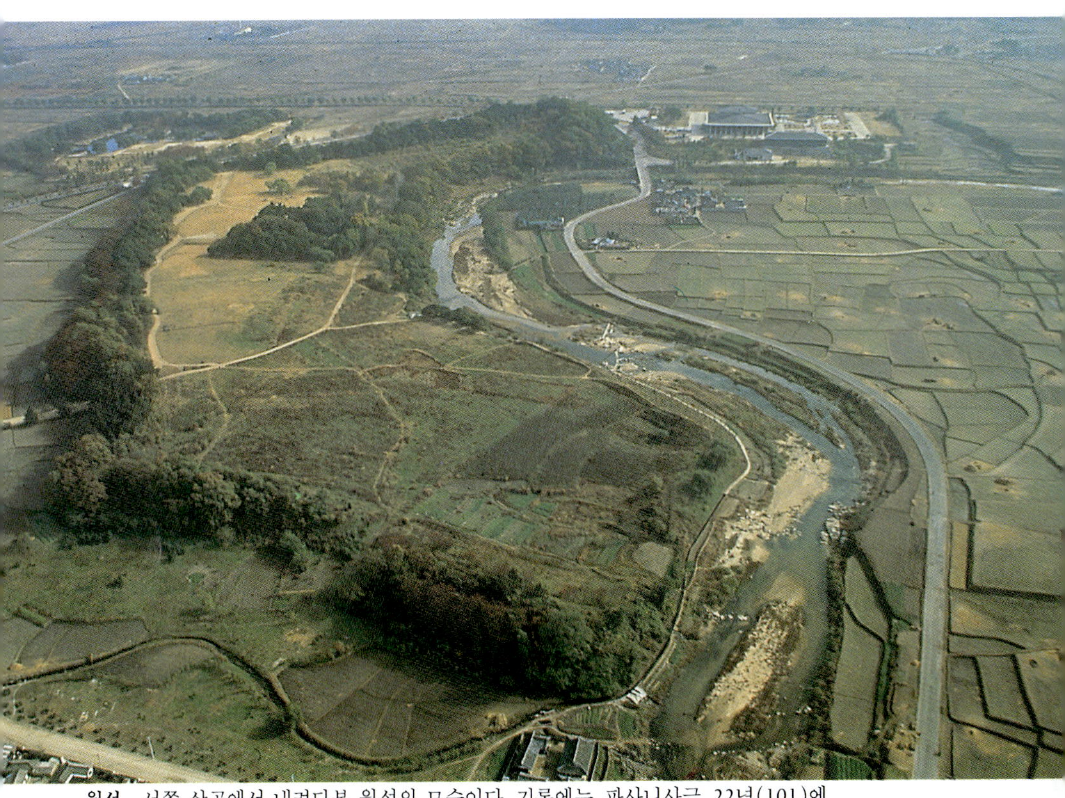

**월성**　서쪽 상공에서 내려다본 월성의 모습이다. 기록에는 파사니사금 22년(101)에 월성을 쌓고 왕이 이곳으로 옮겨 거처하였다고 되어 있다.

살던 경도의 규모와 범위에 대한 구체적인 기록이 없다. 더구나 혁거세 때부터 쌓았다고 하는 금성에 대해서 금성이 곧 월성이라는 주장과 금성이 다른 곳에 있었다는 주장이 팽팽히 맞서고 있는 실정이어서 문헌 기록에 상응하는 구체적인 터가 찾아질 때까지는 어느 주장이 옳다고 단정하기도 어렵다. 이 문제에 대하여 최근의 연구에서는 정치, 경제, 문화의 중심지는 경주 평야 일대로 고정되지만 도성은 읍락 집단 사이의 세력 균형 관계에 따라 경주 안에서 여러 차례 이동되었다고 밝히고 있다.

# 제2기

　356년(내물마립간 1)부터 514년(지증왕 15)에 걸친 시기로 귀족 국가 태동기로 불리며 이 시기 지배자의 호칭을 따라서 마립간 시대라고도 한다. 마립간이란 마루, 고처(高處)의 지배자(干)라고 하는 말뜻 그대로 훨씬 강화된 권력자의 느낌을 주는데 이 시대에는 김씨가 왕위를 독점적으로 세습하였으며, 왕실의 분쟁을 미리 막기 위하여 5세기에는 왕위의 부자 상속 제도가 확립되었다.

　이 시기에는 중국 북조의 전진(前秦)에 사신을 보내는 한편 고구려와 백제를 견제하기 위하여 때로는 고구려와, 때로는 백제와 동맹 관계를 맺으면서 방어 체제를 구축하는 한편 국경 지대에 많은 산성을 쌓았다. 대내적으로는 중앙집권 체제를 이룩하기 위하여 여러 가지 조처를 단행하였는데, 앞 시기의 족제적(族制的) 6부를 개편하기 위하여 469년(자비마립간 12)에는 왕경인 경주의 방리(坊里) 이름을 정하였고, 487년(소지마립간 9)에는 사방에 우역(郵驛)을 설치하였으며 다시 490년에는 수도에 시사(市肆;시장 거리에 있는 가게)를 열어 사방의 물자를 유통하게 하였다. 또 509년(지증왕 10)에는 동시(東市)를 설치하였다.

　이 시기의 궁궐은 앞 시기에 비하여 많이 확대, 발전되었을 것으로 짐작되나 궁성에 대하여는 "487년에 월성을 수리한 뒤 이듬해에 금성에서 월성으로 거처를 옮겼다" "496년에 궁실을 중수(重修)하였다"라는 정도의 기록이 남아 있을 뿐이다. 이 시기에 주목할 만한 것은 소지왕이 월성과 궁실을 수리하고 월성에 거주하면서 처음으로 시장을 열었다는 사실과 신궁(神宮;김씨 왕실의 종묘)을 혁거세의 탄생지인 나을에 세웠다는 사실이다. 제2기에 왕권이 얼마나 강화되었는지는 이 시기에 축조된 대규모의 고분 곧 황남대총, 금관총, 천마총 등과 출토 유물을 통해 짐작해 볼 수 있다.

# 제3기

514년(법흥왕 1)부터 654년(진덕여왕 8)까지로 귀족 세력의 연합기라 불리는데 신라가 비약적으로 발전하여 삼국 통일의 기반을 마련한 시기이다. 이때는 중앙집권적인 귀족 국가로서의 통치 체제를 갖추어 국왕과 여러 귀족과의 일정한 타협, 조화 속에서 대외적으로 크게 발전한 시기이다.

법흥왕은 율령(律令)을 반포하고 중요 관부를 설치하며 진골 귀족 회의를 제도화하는 등 신라의 전반적인 국가 체제를 법제화, 조직화하였으며 불교를 공인함으로써 국가의 통일을 위한 사상적 뒷받침을 마련하였다. 이때에는 궁궐에 관한 기록이 거의 없는데 다만 법흥왕이 자극지전(紫極之殿)에서 즉위했다는 기록이 있어서 당시 궁궐의 정전을 자극전이라 불렀음을 알 수 있다.

진흥왕 때(539~575년)에는 대외적으로 눈부신 발전을 이룩하여 신라 역사상 최대의 판도를 누렸다. 그러나 560년 이후 660년까지 100여 년 동안은 고구려, 백제와의 끊임없는 전쟁으로 불안정한 시기였다. 따라서 이 시기에는 국가의 안녕을 빌기 위한 호국 사찰(護國寺刹)이 많이 세워졌는데 흥륜사(544년)를 지은 지 10년 만에 신 궁(新宮)을 짓는다는 구실 아래 월성 동쪽에 거대한 규모의 새로운 절 곧 황룡사를 지었다. 「삼국유사」에서는 월성 동쪽이자 용궁(龍宮) 남쪽에 자궁(紫宮)을 지으려다가 황룡이 나타나는 바람에 절로 바꾸어 지었다는 기록이 있어, 그 시기에 황룡사의 북쪽에 용궁이 있었으며 새로 지으려던 궁궐의 이름이 자궁이었음을 알려 준다. 용궁의 위치는 아직 분명하게 확인되어 있지 않다.

진평왕 때(579~631년)에는 확대된 국력을 바탕으로 중국과 교류함으로써 고구려와 백제를 견제하는 한편 왕성 주변의 남산과 명활산에 있는 산성을 보완하여 수도 방어를 튼튼히 하였다. 이때의

54, 55쪽 사진

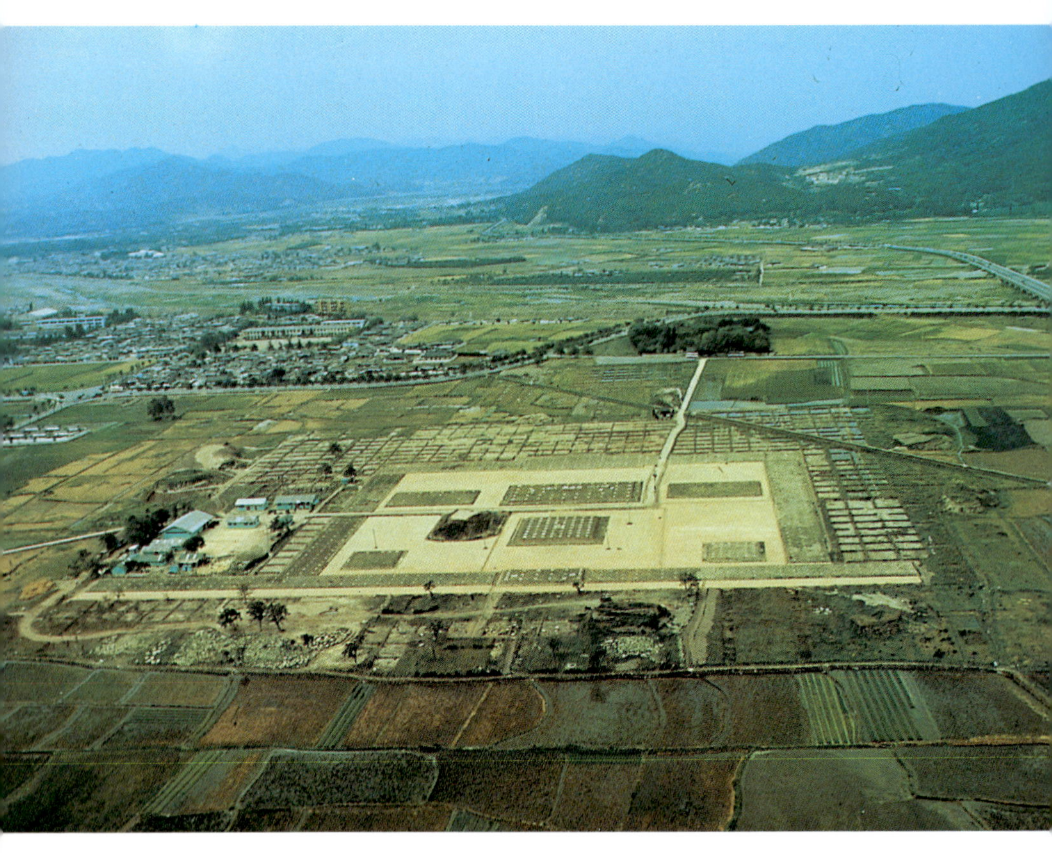

황룡사 터　진흥왕 때 신 궁(新宮)을 짓는다는 구실 아래 월성 동쪽에 거대한 규모의 새로운 절 곧 황룡사를 지었다. 「삼국유사」에서는 월성 동쪽이자 용궁(龍宮) 남쪽에 자궁(紫宮)을 지으려다가 황룡이 나타나는 바람에 절로 바꾸어 지었다는 기록이 있어, 그 시기에 황룡사의 북쪽에 용궁이 있었으며 새로 지으려던 궁궐의 이름이 자궁이었음을 알려 준다. 용궁의 위치는 아직 분명하게 확인되어 있지 않다.

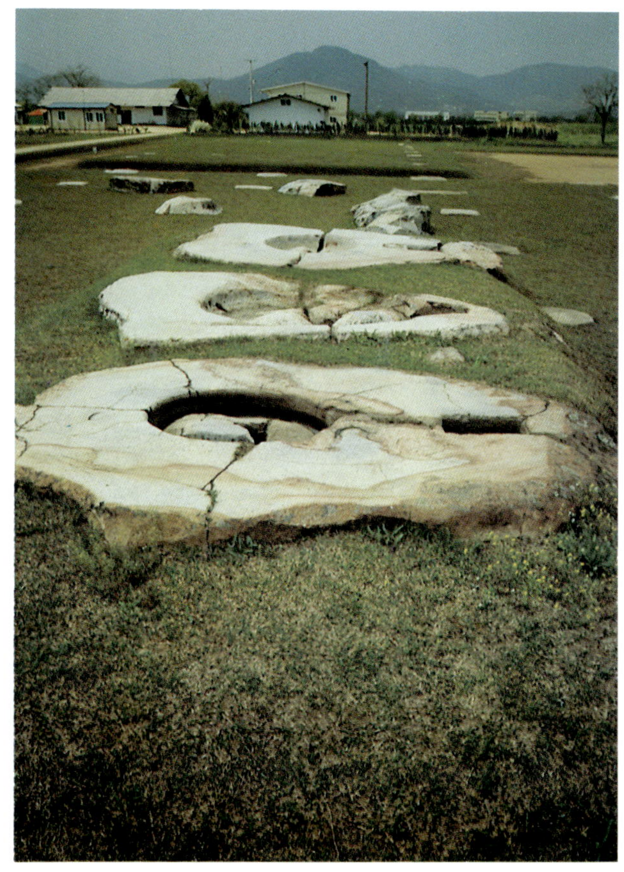



궁궐에 대한 기록으로는 두 가지가 주목되는데 첫째, 날이 가물자 왕이 정전(正殿)을 피하여 남당에 나아가 정치를 하였다는 기록과 둘째, 진평왕 7년(585)에 대궁(大宮), 양궁(梁宮), 사량궁(沙梁宮) 등 3궁에 각각 두었던 관리를 622년에 한 사람이 3궁의 일을 모두 맡아보게 하였다는 기록이다.

위에서 정전은 월성 안 궁궐에서 가장 중요한 건물인데 514년 법흥왕이 즉위했다는 자극전이나 651년(진덕여왕 5)의 기록에서 나오는 조원전(朝元殿)이 이 정전인 듯하다. 위 3궁 가운데 양궁은 박씨 왕 출신부의 본궁(本宮)이며 사량궁은 김씨 왕 출신부의 본궁을 가리킨다. 따라서 진평왕 때에는 궁궐이 아니고 잠저(潛邸)로서 궁이라 부른 것이다.

한편 통일 이후 전성기를 맞이한 경주의 부유한 큰 집들을 삼십오 금입택(三十五金入宅)이라고 하였는데 이 가운데 양택(梁宅), 사량택(沙梁宅)은 앞서 말한 양궁 및 사량궁과 통한다. 한편 대궁은 그 이름으로 보아 큰 대궐 곧 월성에 있는 정궁을 가리키는 것으로 생각되기도 한다. 다만 왜 진평왕 때에 비로소 대궁으로 부르게 되었는지는 알 수 없다.

선덕여왕(632~646년)과 진덕여왕(647~653년)이 다스리던 20여 년 사이는 대내외적으로 어려운 시기였다. 한강 유역과 낙동강 유역까지 넓혀 놓았던 영토를 고구려와 백제의 침략으로 많이 상실하였으며 여왕 지지 세력과 문벌 귀족 세력이 대립하여 내란이 일어나기도 하였다. 이 시기의 국내외적 혼란을 수습하는 데 중추적 역할을 한 김춘추와 김유신의 연합 세력이 정치적, 군사적 실권을 장악하게 되자 왕권도 자연 김춘추에게로 넘어가게 되어 왕통(王統)이 바뀌게 되었다.

이때의 궁궐 관련 기록으로는 "651년 정월 초하루에 왕이 조원전에 나아가 백관(百官)들의 신년 축하를 받았다"라는 기록이 주목된다. 조원전은 궁궐의 정전인 듯한데 7세기 중엽인 이때에 왕이 신하들로부터 신년 축하를 받았다는 기록은 궁궐 안에서 치러진 의례에 관한 최초의 기록이다. 이보다 2년 앞서 중국 의관을 착용하고 중국 연호인 영휘(永徽)를 사용하는 등 적극적으로 당나라의 제도를 받아들인 것으로 보아 조원전의 명칭 및 신년 축하 의례는 같은 흐름으로 파악할 수 있다.

# 제4기

654년(태종 무열왕 1)부터 780년(혜공왕 16)까지이며 전제 왕권기로 불리는 통일신라의 황금 시대이다. 왕통상으로는 태종 무열왕의 자손들이 왕위를 계승해 간 시대이며 권력 구조상으로 보면 앞 시대와 달리 왕권이 크게 강화된 전제 왕권 시대였고 문화상으로는 신라 문화의 극성기였다.

이 시기에 왕권이 크게 강화된 데에는 몇 가지 요인이 있는데 첫째 무열왕과 그 아들 문무왕이 삼국 통일을 성취한 점, 둘째 삼국 통일을 전후한 시기에 단행된 중앙 귀족의 도태, 숙청 및 지방 세력과의 연계 강화, 셋째 집사부 중심의 일반 행정 체계와 유교적 정치 이념의 도입과 그 강행 및 이로 인한 관료제의 발달 등을 들 수 있다. 왕의 칭호도 이 시기부터는 중국식 묘호(廟號)를 쓰기 시작하였다. 곧 태종은 무열왕이 죽은 뒤에 붙여진 시호인 묘호이다.

무열왕(654~661년)은 8년이라는 짧은 재위 기간 동안 계속 전쟁을 치렀으며 마침내 당나라 군사의 힘을 빌어 백제를 멸망시킨 뒤 이듬해에 죽었다. 따라서 월성 안에 고루(鼓樓)를 세운 것말고는 궁궐에 손을 댈 여가가 없었다.

문무왕(661~680년)은 668년에 고구려를 멸망시켜 삼국 통일을 이룩하였을 뿐 아니라, 고구려와 백제를 정복함으로서 얻게 된 막대한 재물과 노동력을 활용하여 경주를 통일 왕조의 수도답게 변모시키려 하였다. 이 과정에서 경주의 도시 전체를 일신시키려던 계획은 실현하지 못했지만 선왕으로부터 물려받은 궁궐을 장려하게 수리하는 한편 새로운 궁궐로서 동궁을 창조하였다. 이 밖에도 양궁(壤宮)이라는 궁을 새로 짓기도 하였는데 그 위치는 아직 확인되지 않았다. 또 "본피궁(本彼宮)의 재화, 전장(田莊), 노복 등을 고구려 침략에서 공을 세운 사람들에게 주었다"는 기록에서 보이는 본피궁은 원래 석씨(昔氏)가 발상(發祥)한 곳이므로 궁으로 불렸는데 나중에 삼십오 금입택의 하나인 본피택(本彼宅)으로 불리기도 하였다.

문무왕은 재위 후반부인 14년(674) 이후부터 21년(681) 숨을 거둘 때까지 줄곧 궁궐을 확대하거나 새로운 궁을 짓는 데 몰두하였고, 최종적으로 경성 전체를 새롭게 만들려고 하였을 정도로 신라의 궁궐 건축사에서 가장 주목받을 업적을 남겼다. 문무왕 14년 2월에 "궁 안에 못을 파고 산을 만들고 화초를 심고 진기한 짐승을 길렀다"는 기록을 시작으로 하여 이로부터 5년 뒤인 19년 2월에는 궁궐을 매우 웅장하고 장려하게 중수하였으며 같은 해 8월에는 동궁을 창조하고 궁궐 안팎 여러 문에 써서 걸어 놓을 이름을 처음으로 정하였다. 이 기록 가운데 못은 안압지, 중수한 궁궐은 월성의 정궁, 창조된 동궁은 안압지를 포함한 주변 건물터 전체인 것으로 짐작된다.

59쪽 사진
안압지는 통일신라시대에는 월지라고 불렸는데 조선 초기의 기록인 「신증동국여지승람」에 "안압지는 천주사(天柱寺) 북쪽에 있으며 문무왕이 궁 안에 못을 만들고, 돌을 쌓아 산을 만들어 무산 12봉(巫山十二峯)을 상징하여 화초를 심고 짐승을 길렀다. 그 서쪽에는 임해전(臨海殿)이 있었는데 지금은 주춧돌과 계단만이 밭이랑 사이에 남아 있다"라는 기록이 있어서 안압지로 알려진 것이다.

1974년에 경주 종합 개발 계획의 한 부분으로 주변 건물터를 정리하던 중 못에서 신라시대 유물이 출토됨으로써 정리 작업을 중단하고, 1975년 3월 24일부터 1976년 12월 30일까지 2년에 걸쳐 문화재연구소에서 연못 안과 주변 건물터를 발굴한 결과 전모가 드러나게 되었다. 이 발굴 조사로 못의 전체 면적이 1만 5,658평방 미터(4,738평), 3개의 섬을 포함한 호안 석축의 길이가 1,285미터로 밝혀졌다. 유물은 와전류(瓦塼類) 2만 4천여 점을 포함하여 3만 점이 출토되었고 연못의 서쪽, 남쪽에서 건물터 26곳, 담장터

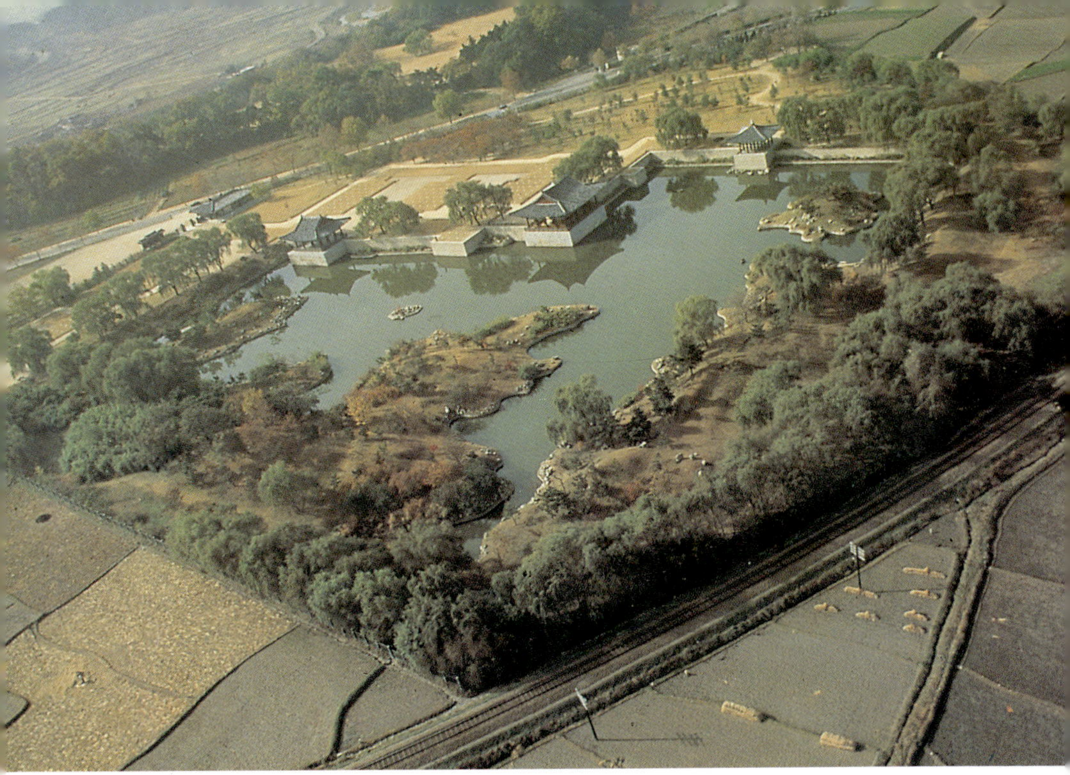

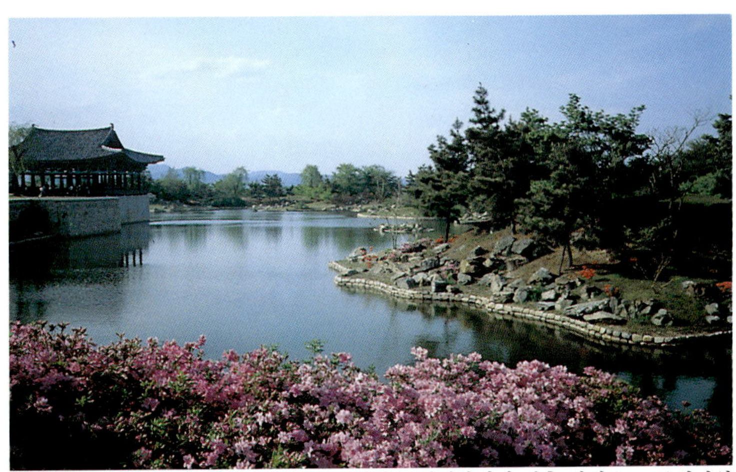

**안압지** 월지라고 불렀던 안압지는 1980년에 통일신라시대 건축 양식으로 복원되었다.(맨 위, 위)

8곳, 배수로 시설 2곳, 입수구 1곳이 발굴되었다. 이 발굴 조사를 토대로 1980년에 복원 정화 공사를 하였는데 연못 서쪽 호안에 있는 3개 건물터에 건물을 복원하였으며 밝혀진 건물터의 초석들을 복원하여 노출시키고 주변의 무산 12봉을 복원하였다.

한편 출토된 유물은 현재 국립경주박물관에 보관, 전시되어 있다. 유물 가운데 명문(銘文)이 있는 유물도 많이 나왔는데 특히 "의봉 4년 개토(儀鳳四年皆土 ; 의봉은 당나라의 연호로 4년은 679년)"라고 쓴 평기와와 "조로 2년 한지벌부…3월 3일 작강(調露二年漢只伐部…三月三日作康 ; 조로 2년은 680년)"이라고 쓴 전돌이 출토되어 679년에 동궁을 창건했다는 「삼국사기」의 기록이 사실로 확인되었다. 위에서 개토(皆土)는 '開土'를 달리 쓴 것이라 생각되며 터를 처음 닦기 시작했음을 뜻하는 말이다.

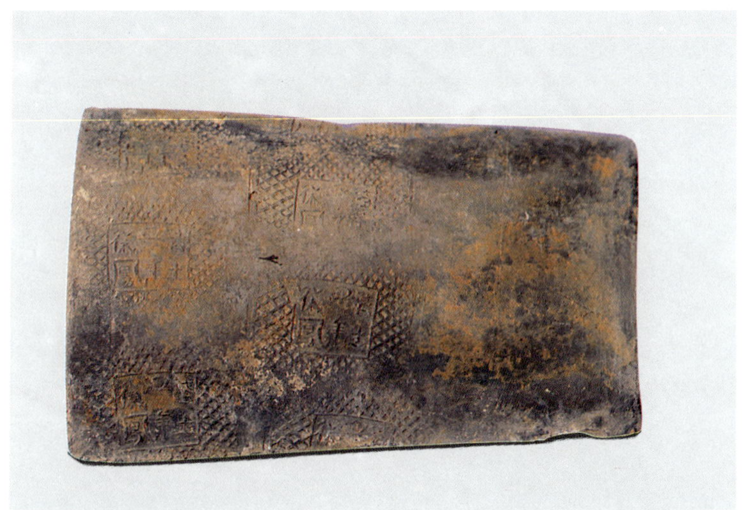

"의봉 4년 개토" 평기와  1974년부터 1975년의 안압지 발굴 당시에 못 안에서 출토된 것이다. 이 기와의 명문으로 679년에 동궁을 창건했다는 「삼국사기」의 기록이 확인되었다. 국립경주박물관 소장.

안압지 주변에서 많은 건물터가 확인되기는 하였으나 어느 것이 임해전 터인지는 분명하지 않은데 「삼국사기」에는 임해전이 697년(효소왕 6) 9월에 처음 등장하며 931년(경순왕 5) 2월에 고려 태조를 모셔 잔치를 베풀 때까지 주로 궁궐 안 연회 장소로 사용되었다.

안압지 주변의 건물터는 형식과 규모로 보아 대규모의 궁궐이 이곳에 조성되어 있었음을 보여 주며 특히 월성과 가까운 못 남쪽에도 많은 건물터가 남아 있어서 월성과 밀접하게 연결되어 전체가 한 궁궐로 사용되었을 것으로 추측된다. 그런데 이곳을 동궁, 월지궁(月池宮)으로 추정하면서 태자궁으로 해석하는 것이 일반적이다. 그러나 만일 동궁이 동쪽의 궁이라는 방위에서 나온 명칭이 아니라 태자의 거처를 뜻하는 것이라면 고려시대나 조선시대의 태자궁처럼 규모가 훨씬 작아야 한다. 그러나 발굴 결과를 보면 안압지 곧 월지 주변의 건물터가 월지궁이고 발굴된 건물만 20여 동이 넘어서 이것이 모두 태자궁이라고 볼 수는 없다. 만일 월지궁이 곧 동궁이라고 한다면 동궁은 태자궁이 아니라 동쪽의 궁궐로 보아야 한다. 따라서 임해전도 월지궁의 정전으로 여겨지며 왕과 군신들이 연회를 베푼 장소인 것으로 보아 태자궁의 정전은 될 수 없다. 다만 이 시기에 태자궁을 춘궁(春宮), 태자의 지위를 진위(震位;진은 동쪽을 가리킴)라고 표현한 기록이 있는 것으로 보아 태자 또는 태자의 거처를 동궁으로 불렀을 가능성은 있다.

문무왕에 이어 즉위한 신문왕(681~691년)은 신라 중대의 전제 왕권을 구축한 임금으로서 귀족 세력을 철저히 탄압하고 통일에 따른 중앙과 지방의 여러 행정, 군사 조직을 완성하였다. 중국의 6전 조직을 모방하고 중앙 관직을 5단계로 정비하였으며 지방에 9주(州) 5소경(小京)을 설치하였고 수도와 지방에 각각 9서당(誓幢)과 10정(停) 등 군사 조직을 배치하였다. 또 686년(신문왕 6)

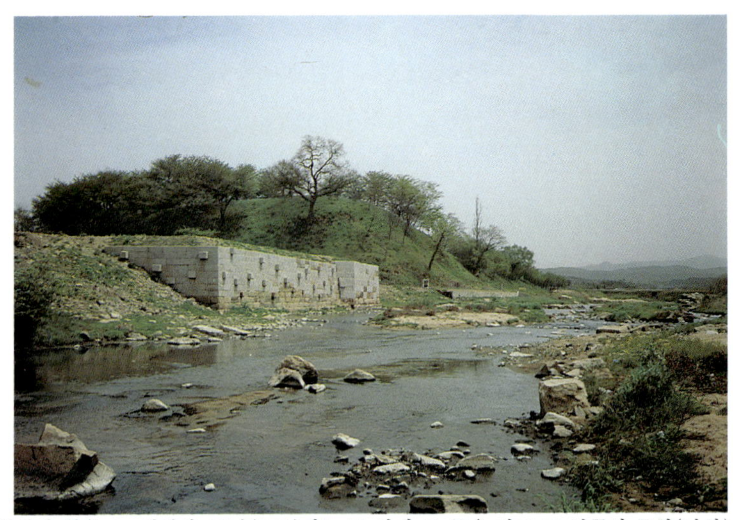

**복원된 월정교** 경덕왕 19년(760)에는 궁 안에 큰 못을 파고 궁 남쪽의 문천(남천)에 월정교와 춘양교를 놓았다. 월정교는 발굴 조사된 뒤 최근에 일부가 복원되었다.

에 토목, 영선(營繕)을 담당하는 예작부(例作府)를 설치한 것은 주목할 일이다. 신문왕 9년 가을에 이르러 왕은 도읍을 달구벌(대구)로 옮기려는 획기적인 시도를 하였으나 실현시키지 못하였는데 이는 경주를 중심으로 형성된 귀족 세력들의 반대 때문이었을 것으로 추측된다. 이때 천도 계획이 실패한 이후로 신라는 멸망할 때까지 250년쯤 더 경주에 눌러앉아 있었다. 따라서 도시에 활력을 불어넣을 여러 시설과 궁을 마련하는 데만 주력하였다.

695년(효소왕 4)에는 서시(西市)와 남시(南市)를 두었고 717년(성덕왕 16)에는 신 궁을 창건하였으며 727년(성덕왕 26) 12월에는 영창궁(永昌宮)을 수리하였다. 739년(효성왕 3)에는 선천궁(善天宮)이 완성되었고 745년(경덕왕 3) 7월에 동궁을 수리하였으며, 748년에는 영명신궁(永明新宮)에 태후(효성왕비 김씨)가 옮겨 살았다. 이 영명신궁이 717년에 창건된 신 궁인지 아니면 경덕왕이

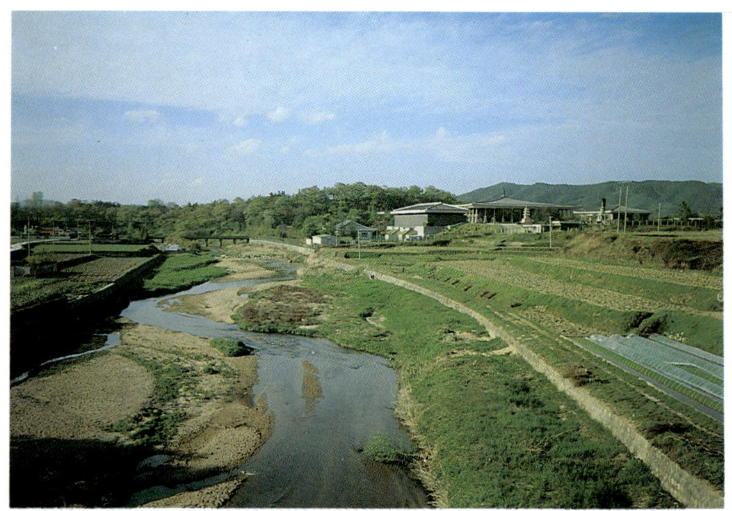

**반월성과 춘양교**　춘양교는 일정교라고도 하며 현재 국립경주박물관 서쪽에 있다. 해와 달은 모두 왕을 상징하는데 해는 동쪽, 달은 서쪽에 배당되므로 서쪽의 다리를 월정교라 하였다.

생모(生母)가 아닌 태후를 궁 밖에 옮겨 살게 하려고 새로 지은 궁인지 분명하지 않다.

757년(경덕왕 16)에는 영창궁을 중수하였으며, 760년 2월에는 궁 안에 큰 못을 파고 궁 남쪽의 문천(남천)에 월정교(月精橋)와 춘양교(春陽橋)를 놓았다. 위의 못은 위치가 확인되지 않았으며 월정교는 발굴 조사된 뒤 최근에 일부가 복원되었다. 춘양교는 일정교(日淨橋)라고도 하며 현재 국립경주박물관 서쪽에 있다. 해와 달은 모두 왕을 상징하며 해는 동쪽, 달은 서쪽에 배당되는데 다리 이름을 일정교, 월정교로 지은 것은 궁궐 정문의 좌우 옆문 이름을 보통 일화문, 월화문으로 짓는 것과 같은 이유에서이다. 경덕왕 때는 전제 왕권의 절정기이자 문화의 황금기로 평가된다. 이 시기의 경주는 화려한 국제 도시로서 온갖 문물이 번성하였는데 인도는 물론 멀리 페르시아 문화까지도 들어와 있었다. 조각사적으로 최대, 최고

62쪽 사진

의 걸작들이 많이 만들어진 시기이며 석굴암이 만들어졌음을 상기하는 것만으로도 이 시기의 예술적 수준을 가늠해 볼 수 있다.

건축 유적으로는 앞서 말한 월정교의 교대(橋臺)만이 남아 있지만 「삼국유사」 ‘사불산, 굴불산, 만불산조’를 참고하면 당시의 조각술, 조원술(造苑術), 건축술이 대단한 정도로 발전해 있었음을 알 수 있다. 곧 만불산(萬佛山)은 침단목(沈檀木)을 조각하여 만든 일종의 가산(假山)으로 규모는 높이가 1장(丈;10척)인데 762년과 764년 사이에 만들어서 당나라 대종(代宗;762∼779년)에게 바친 것이다. 대종은 만불산을 받고 나서 신라의 기술은 하늘이 만든 것이지 사람의 기술이 아니라고 극찬하였다고 한다. 그 형태를 묘사한 글에 “산에는 뾰족한 바위와 괴이한 돌과 동굴이 있어서 각 구역으로 나뉘었고, 그 각 구역 안에는 노래하고 춤추고 노는 모습과 온갖 나라들의 산천 형상이 있다. …그 속에는 만불(萬佛)을 모셔 놓았는데 큰 것은 사방 한 치가 넘고 작은 것은 8, 9푼쯤 된다. 그 머리는 혹은 큰 기장만 하고 혹은 콩 반쪽만하다. 머리털과 백모, 눈썹과 눈이 또렷하여 모든 형상이 다 갖추어졌으니 다만 비슷하게 말할 수는 있어도 자세히 설명할 수는 없다”라고 한 것을 보면 당시의 건축술 또한 최고의 경지에 이르렀을 것으로 짐작되며 궁궐 건축은 바로 통일신라 황금기의 문화를 최대한으로 반영한 건축이었을 것이다.

이렇듯 높은 수준의 문화를 가졌던 경덕왕 때에 분열상을 보이던 귀족 세력들은 혜공왕 때(765∼780년)에 이르면 친왕파와 반왕파로 대립되어 6차례에 걸쳐 번갈아가며 반란과 친위 쿠데타를 일으킨다. 774년에 반왕파의 중심 인물인 김양상(金良相)은 상대등이 되어 권력을 장악하고 780년에 혜공왕을 죽인 다음 스스로 왕위에 올라 선덕왕이 되었다.

# 제5기

　780년(선덕왕 1)부터 889년(진성여왕 3)까지의 호족 세력 등장기로 신라의 쇠퇴가 빠르게 진행된 시기이다. 왕통상으로는 원성왕 계통이 왕위를 이어간 시기이며 권력 구조상으로는 진골 귀족들이 왕실에 대하여 서로 연합하는 형세를 띠면서도 실상은 각기 독자적인 사병 세력을 거느리고 있어 귀족 연립 또는 분열의 시대라고 할 수 있다. 그러나 시야를 왕경에 국한시키지 않고 전국적으로 확대한다면 이 시기는 무엇보다도 지방의 호족 세력이 크게 대두된 시기이다. 더구나 진성여왕 때에는 농민들이 반란을 일으킬 만큼 국가의 정치와 재정은 수습하기 어려운 곤경에 빠져들었다.

　이 시기에는 궁궐을 새로 짓거나 도성을 보강하는 공사를 크게 벌인 적은 없으며 건물 하나를 세우거나 궁궐 안 중요 건물을 중수하는 것이 고작이었다. 다만 사찰 건축으로는 봉은사(794년), 해인사(802년), 황룡사 9층탑(873년)이 이 시기에 이룩되었다. 궁 서쪽에 망은루(望恩樓)가 있고 궁궐 안 건물로는 동궁에 만수방(萬壽房)을 새로 지었다. 이 밖에 중수된 건물은 임해전, 조원전, 평의전(平議殿), 명학루(鳴鶴樓), 월상루(月上樓), 월정당(月正堂) 등인데 평의전은 임해전 부근에 있던 건물인 듯하며 이름으로 보아 국사를 의논하던 편전임을 알 수 있다.

　한편 이 시기의 기록에는 앞 시기에는 보이지 않던 건물과 문의 이름으로 숭례전(崇禮殿), 임해문(臨海門), 현덕문(玄德門), 무평문(武平門), 준례문(遵禮門)이 나오는데 그 위치는 밝혀지지 않았다. 다만 이름에 포함된 글자에서 예(禮)는 남쪽을 가리키므로 숭례전과 준례문은 남쪽에 있었던 건물이며, 현(玄)은 북쪽을 가리키므로 현덕문은 북문임을 짐작할 수 있다.

　월지궁이나 북궁에 관한 기록이 822년(헌덕왕 14)과 897년(진성여왕 11)에 나오는데 북궁의 위치는 아직 확인되지 않고 있다. 다만 경주시 성동동에서 1937년에 발굴된 건물터(일명 성동동 殿廊址)를 북궁으로 보려는 견해가 있다. 이 건물터는 문터 2, 장랑(長廊)터 7, 전당(殿堂)터 6개로 구성되어 있으며 전체는 동서 180미터, 남북 100미터 범위에 이르고 있는데 원래는 서쪽과 동북쪽까지 건물이 있었으나 동북쪽은 북천(北川)에 의하여 유실된 것으로 본다. 그러나 월성을 기준으로 한 북쪽에 있는 궁이란 뜻으로 해석될 뿐 북궁의 정확한 위치는 아직 어디라고 말할 수 없으며 성동동 전랑지가 통일신라의 대궐일 가능성도 아직은 미지수이다.

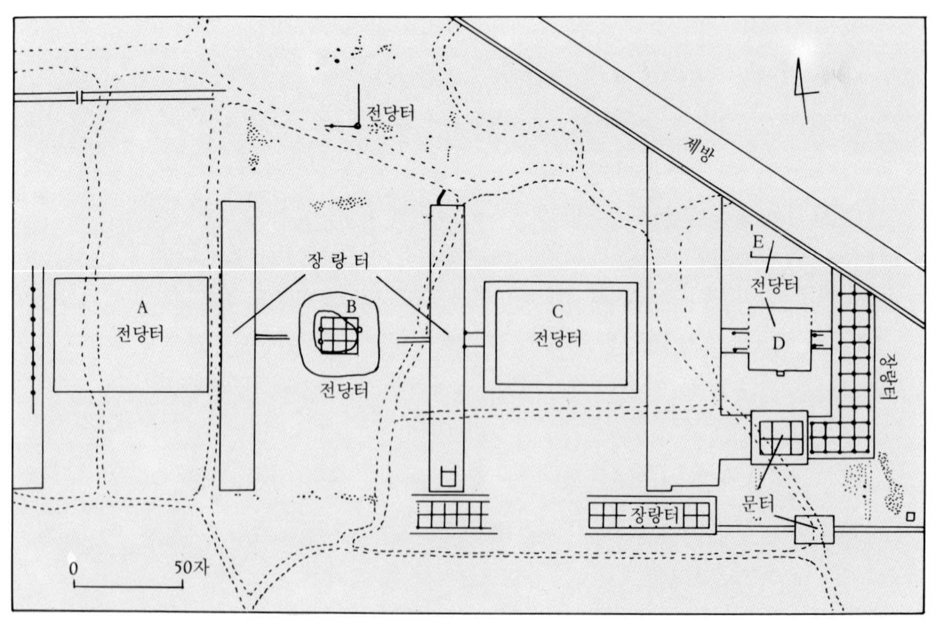


**성동동 전랑터**  월지궁이나 북궁에 관한 기록이 822년(헌덕왕 14)과 897년(진성여왕 11)에 나오는데 북궁의 위치는 아직 확인되지 않고 있다. 다만 경주시 성동동에서 1937년에 발굴된 건물터를 북궁으로 보려는 견해가 있다.

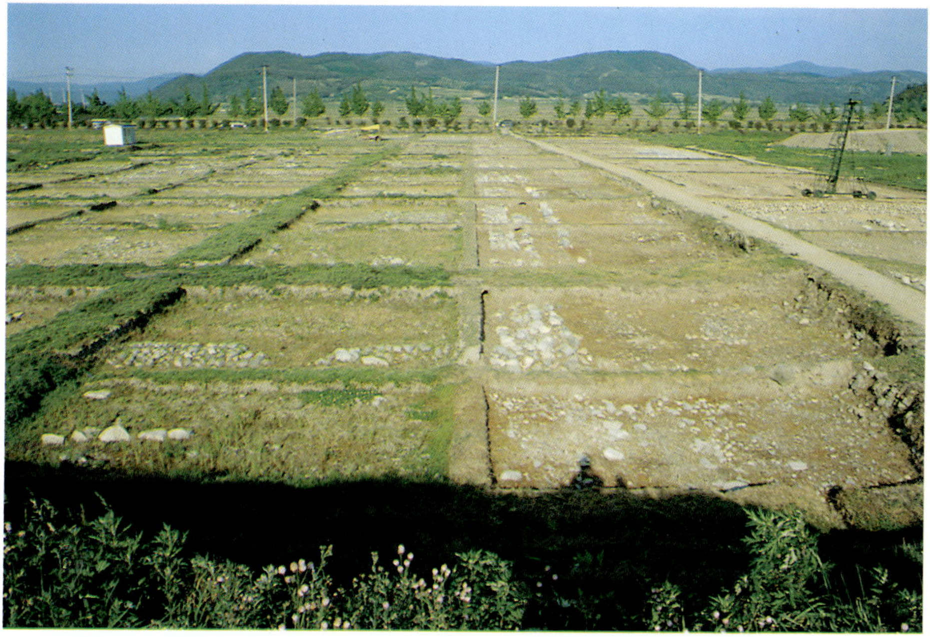

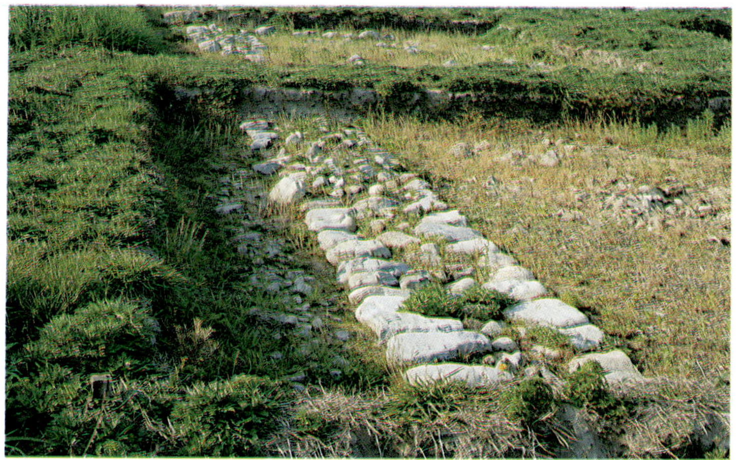

**황룡사 동쪽 이방 구획**　황룡사 주변에서 발견된 도로 구획망이다. 이것을 기초로 전면
적인 발굴 조사가 실시되면 경주의 도성 계획 확인에 큰 도움이 될 것이다.(맨 위,
위)

# 제6기

889년(진성여왕 3)부터 935년(경순왕 9)까지의 내란기로 신라의 멸망기이다. 이 시기에는 전국 도처에 군웅들이 할거하여 지방의 통제가 불가능하였고 왕궁의 수비도 무방비 상태가 되었다. 그 가운데 견훤과 궁예는 각기 후백제와 후고구려라는 나라를 세우고 왕을 칭하고 도읍지를 정하여 궁궐을 짓기까지 하였다.

이 시기에 지어진 궁궐은 멸망기에 접어든 신라의 것이 아니라 신흥 국가인 후백제와 후고구려(태봉)의 것이다. 918년에 궁예를 쓰러뜨리고 즉위한 태조 왕건은 국호를 고려라 고치고 송악(개성)에 서울을 정하였다. 이후 935년에는 신라의 항복을 받고 936년에는 후백제를 멸망시켜 후삼국의 통일을 이룩하였다. 이리하여 1천 년 고도(古都)로서 찬란한 문화를 남겼던 경주는 지방의 한 도시로 전락하고 말았으며 통일신라 왕조의 중심이었던 월성, 동궁 및 여러 궁궐들도 버려지게 되었다.

신라의 궁궐을 정치사의 시기 구분에 맞추어 살펴본 과정에서 서술하지 못한 몇 가지 중요한 문제가 있다. 첫째, 궁성을 포함한 도성 전체의 계획이 어떻게 이루어졌는가 하는 문제 둘째, 이름만 알려져 있는 여러 궁들의 위치 설정 문제 셋째, 통일 이후 팽창된 도시 인구의 해결과 전제 왕권을 확립하기 위해 확대된 권력 기구를 도성 및 궁궐 안에 재편성하기 위한 계획 등이 어떻게 이루어졌는가 하는 문제 넷째, 통일 이후의 새로운 도시 계획에 고구려와 백제 및 중국 당나라의 제도가 어떻게 참작되었는가 하는 문제들이다. 여기에 대해서는 여러 가지 견해가 있으나 앞으로 황룡사 부근에서 발견된 도로 구획망을 기초로 하여 전면적인 발굴 조사가 이루어질 때 확실한 해답이 내려질 것으로 기대된다.

67쪽 사진

# 발해 궁궐

발해(渤海)와 통일신라는 똑같이 7세기 말기부터 10세기 전기에
걸쳐 한반도와 만주 지방에 남북국의 형세를 이루며 존재하였던
왕조이다. 곧 발해는 당나라와 신라의 연합군에 의하여 668년에
멸망당한 고구려 유민(遺民) 가운데서 요서(遼西) 지방의 영주(지금
의 조양)로 강제 이주를 당한 유민들이 주체가 되어 건국한 왕조이
다. 696년(신라 효소왕 5)에 거란족 추장 이진충이 영주를 점령하
고 당나라에 반란을 일으키자 이러한 정세를 관망하던 고구려계의
장수인 대조영(大祚榮)도 698년에 고구려 유민을 이끌고 동모산
(지금의 길림성 돈화현 육정산)을 근거지로 삼아 오동산성(敖東山
城)을 쌓고 나라를 세워 진국(震國)이라 하였으며 이로부터 얼마
뒤에 나라 이름을 발해로 고쳤다.

고왕(高王;대조영 699~719년)으로부터 15대 애왕(哀王;901
~926년)에 이르기까지 229년 동안 지속된 발해 왕조는 고구려
문화를 계승하는 한편 그 시기 최고조에 달했던 성당 문화(盛唐文
化)를 당의 수도인 장안으로부터 흡수, 소화하여 높은 수준의 문화
로 발전시켰다. 물론 발해의 사회 구조는 지배층인 고구려계 유민과

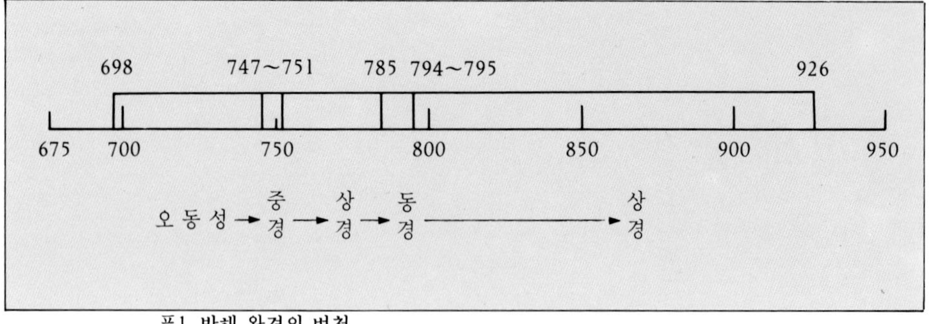



표1. 발해 왕경의 변천

피지배층인 말갈계 주민으로 이루어져 있었으나 사회 신분상의 절대적 우위를 차지한 고구려계가 문화를 주도하였다.

　발해의 역사에 대해서는 그들 스스로가 남긴 역사책이 없고, 멸망 뒤 고려에 망명해 온 발해 유민들조차도 역사를 기록하지 않았기 때문에 당이나 일본의 문헌 및 고려의 문헌을 통하여 단편적으로 그 역사상을 알 수 있을 뿐이다. 따라서 유적지에 대한 고고학적 조사, 연구가 발해사의 해명에 지극히 중요하며 특히 그 시기의 문화적, 정치적, 경제적 중심이었던 수도에 대한 발굴 조사는 매우 중요하다. 발해는 4차례에 걸쳐 수도를 옮겼는데 이 가운데 3차례의 천도는 모두 문왕(文王;737~793년) 때에 행해진 것이다. 이러한 천도는 국력이 동북부 지방으로 뻗어나가는 과정을 반영한 것으로 보인다.

　발해의 전성기는 제10대 선왕(宣王;818~830년) 때인데 전국을 5경(京), 12부(府), 62주(州)로 나누었을 만큼 넓은 영토(사방 5천 리)를 차지하고 있었다. 5경이란 상경 용천부(上京龍泉府), 중경 현덕부(中京顯德府), 동경 용원부(東京龍原府), 서경 압록부(西京鴨綠府), 남경 남해부(南京南海府)를 말하며 같은 시기에 당이 4경을 두었던 사실과 비교된다. 물론 5경 제도를 택한 이유는 적은 인구로

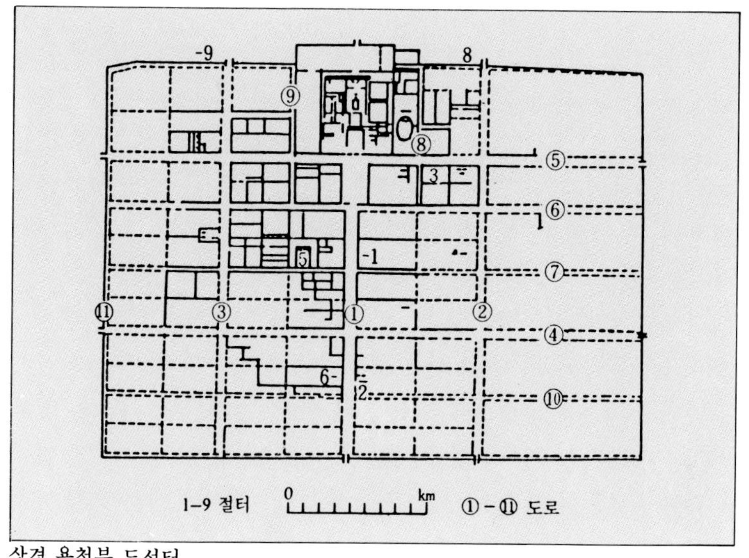


상경 용천부 도성터

광대한 영토를 통치하기 위해서이다. 이 5경 가운데 왕도(王都)가 된 곳은 상경, 중경, 동경 등이며 중경과 동경에서는 10여 년밖에 있지 않았던 데 반하여 상경은 두 차례에 걸쳐서 160여 년 동안 수도로 사용되었다(표1).

특히 794년부터 926년까지 130여 년 동안 발해의 마지막 수도였던 상경에서는 궁성, 황성(왕성 또는 내성으로 부르기도 함), 외성으로 이루어진 대규모 도성터(都城址)가 발굴되어서 당시의 문화 수준을 가늠하는 데 기준을 제시하고 있다. 중경의 위치가 어딘지에 대해서는 여러 학설이 있지만 두만강으로 흘러드는 하천인 해란강(海蘭江)과 조양천(朝陽川)의 중간 지점에 있는 서고성자(西古城子)의 유적이 있는 곳으로 보는 것이 정설이다. 또 동경 용원부는 1940년대 초의 발굴 결과 간도(間島)의 혼춘현(琿春縣) 반랍성(半拉城) 유적일 것으로 본다. 한편 서경 압록부는 당과의 외교와

70쪽 사진

무역을 위한 교통의 요충이며 남경 남해부는 신라와의 접촉을 위한
교통의 중심으로 활용되었을 뿐 도읍지가 된 적은 없다.

상경 용천부에 처음으로 도성이 건설된 때는 제3대 문왕 때인
755년 무렵이다. 상경은 앞 시기의 수도인 중경으로부터 동북쪽에
있는데 그 남쪽으로는 경박호(鏡泊湖)가 있고 북쪽으로는 목단강
(牧丹江)의 푸른 물이 자연 해자를 이룬 채 둘러싸고 흐르는 규모가
광대하고 기세가 웅장한 충적 평야에 자리잡고 있다. 이 상경에서
30여 년 동안 통치한 다음 문왕은 785년 무렵에 상경의 동남쪽
동남해에 가까운 동경으로 도읍을 옮겼으나 793년에 죽었다. 이후
793년에 즉위한 제4대 왕 대원의(大元義)는 살해당하고 794년에
즉위한 제5대 성왕(成王)은 수도를 동경　　　용원부에서 상경 용천
부로 옮겼는데 상경은 이때부터 926년　　　나라가 멸망할 때까지
130여 년 동안 줄곧 발해의 수도였다.

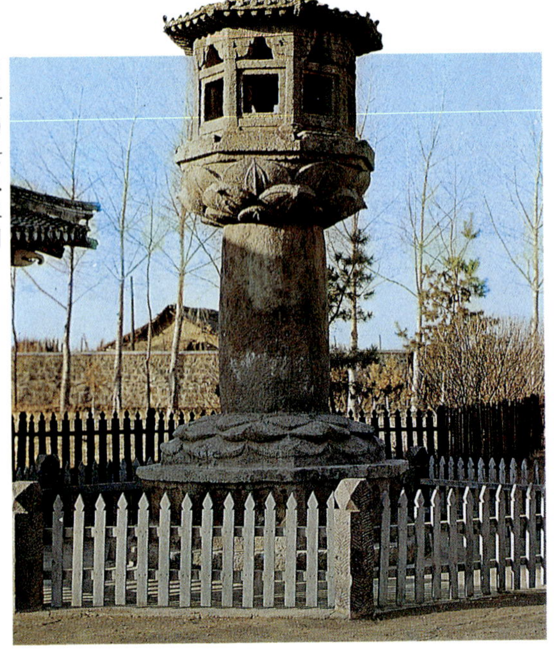

**상경 용천부 석등**　이 석등은 고구려의 자 (1자는 35센티미터) 를 사용하여 제작한 것으로 6.3미터이다. 화사석을 중심으로 건축적 장식미가 뛰어난 작품이다.

상경 용천부의 도성은 흔히 동경성(東京城)으로 불리는데 외성과 황성 및 궁성으로 이루어져 있다. 외성의 평면은 남북벽보다 동서벽이 더 긴 장방형이며 성벽에는 10개의 성문을 냈는데 동벽과 서벽에는 2개, 남벽과 북벽에는 3개씩 문을 내고 각 문을 연결하는 큰 가로들을 종횡으로 연결하여 성 안을 구획하였다. 궁성과 황성을 제외한 성 안의 모든 구역은 황성 정중앙의 남문으로부터 외성 남문으로 이어지는 주작대로(폭 110미터)를 중심으로 하여 동구(東區)와 서구(西區)로 나누어져 있고 각 구는 정연한 이방(里坊)들로 다시 나누어져 있다. 각 이방들은 田 모양으로 조직되어 내부에 작은 도로를 내고 있다.

이렇게 정연한 계획 아래 형성된 도시 또는 성시(城市)에는 시장이 열려 상인과 수공업자들이 물자를 생산, 공급하는 한편 관료와 평민들의 주거, 불교 사원들이 즐비하게 늘어서 있었다. 현재까지 9개의 절터가 확인되었고 거기에는 석등과 장륙불상(丈六佛像)이 남아 있으며 발굴 조사에 의하여 동불(銅佛), 도불(陶佛), 철불(鐵佛), 금동불(金銅佛) 등 다양한 불상이 출토되었다. 또 온돌과 굴뚝을 갖춘 살림집도 발굴되어서 그 시기에 민간의 살림집에서도 온돌이 일반화되었음을 알 수 있다.

황성은 궁성 남쪽에 있으며 궁성과의 사이에 폭 65미터인 도로가 가로놓여 있고 이 도로의 동쪽과 서쪽에 성문을 두었으며 궁성 남문의 남쪽에는 거대한 광장을 두고 그 남쪽 끝에 황성 남문을 두었다. 황성은 동구, 중구, 서구의 3부분으로 나누어져 있으며 동과 서의 두 구역에서 10여 곳의 관청터가 확인되었다. 중구는 궁성 남문의 남쪽에 지세가 평탄한 광장이다. 이 광장에서 많은 의례가 거행되었다. 곧 황성은 발해의 중앙 통치 기구인 3성 6부가 배치되어 있고 국가적인 의례가 거행되던 장소로 당나라의 황성과 같은 것이다.

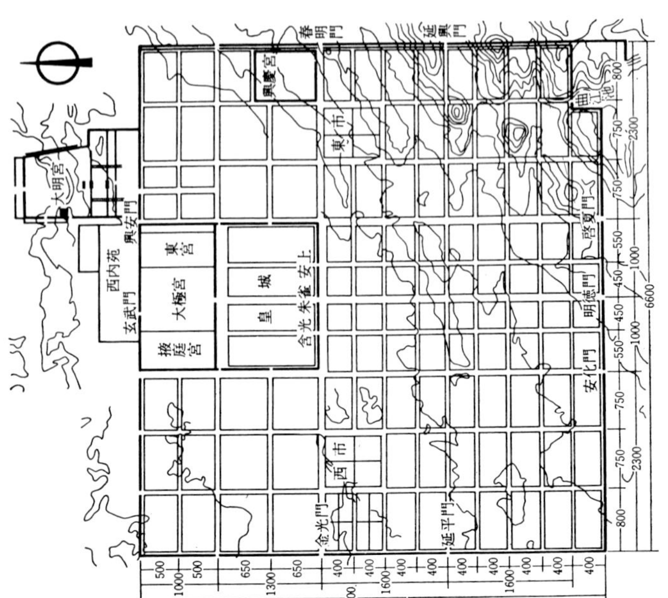


당 장안성 평면도

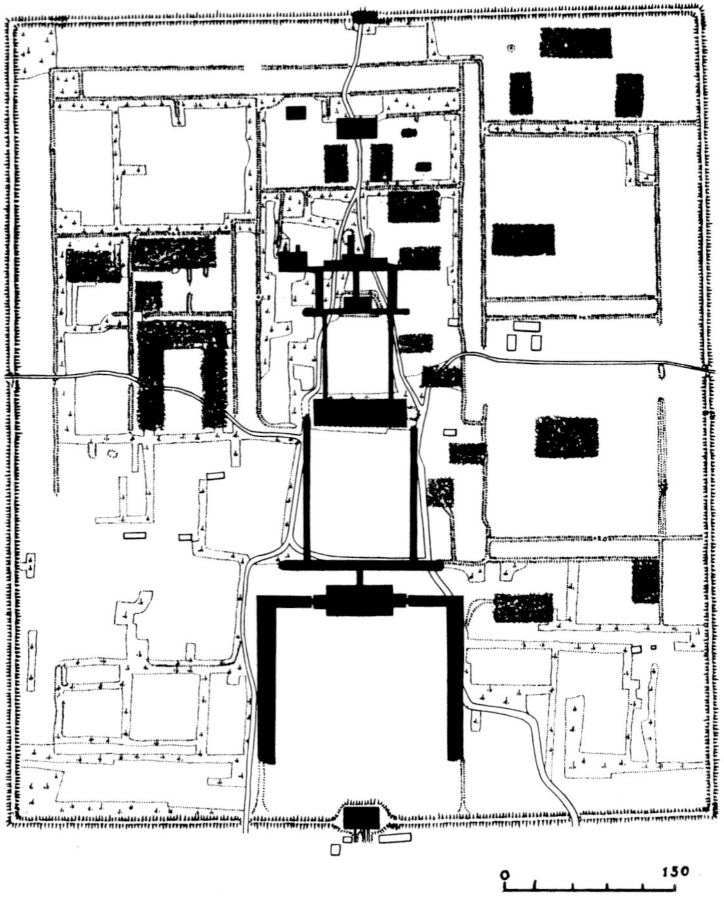

상경 용천부의 궁성터

　궁성은 외성 중앙부의 북쪽에 자리잡고 있으며 석축으로 쌓은 74쪽 사진
둘레 약 4킬로미터의 장방형 성인데 중심부와 동, 서, 북구의 4구역
으로 나누어져 있으며 각 구역은 성장(城墙)으로 가로막혀 있다.
궁성 안에서는 37개 집터들이 확인되었는데 그 가운데 중요한 것은
중심 구역에 있는 5개의 궁전터이다. 이 궁전터들은 궁성 중구의
중심축을 따라 남으로부터 북으로 가면서 차례로 놓여 있는데 터의
모습이 조금씩 다르다. 남쪽으로부터 제1궁전터, 제2궁전터 등으로 78, 79쪽 사진
부르고 있는데 제1궁전터부터 제3궁전터까지는 왕이 정치를 행하던
정전, 편전 등으로 생각되며, 온돌을 갖춘 제4궁전터는 왕의 침전,
제5궁전터는 다른 용도로 사용된 건물로 짐작되고 있다. 궁전들은
회랑으로 연결되어 있는데 제4, 제5궁전 사이에만 회랑이 없다.
궁전터의 바닥은 벽돌 바닥, 회바닥, 모래흙 바닥 등 다양하며 궁전
터의 기단부에는 돌사자 머리를 배치하기도 하였다.

　궁전의 계획에 응용된 꾸밈 수법을 보면 회랑은 뒤로 들어가면서
너비를 줄여 궁성의 실제 깊이보다 더 깊어 보이게 하였으며 반대로
남문, 1궁전, 2궁전의 차례로 집의 너비를 넓게 하여 뒤의 건물까지
한눈에 들어와 위용을 돋구도록 하였다. 궁성의 동구, 서구, 북구에
는 못, 가산(假山), 정자터 등이 남아 있어서 모두 금원지(禁苑址)
로 부르고 있다. 이렇듯 궁성 앞에 황성을 두고 황성 남문 앞에 주작
대로를 열고 그 좌우를 대칭으로 배치하여 시가지를 형성한 다음
외곽을 다시 성으로 둘러싸는 도시 계획 수법은 당의 장안성에서도
볼 수 있는 것이다. 그러나 상경 용천부에 남아 있는 석등, 석불
등의 계획 수법에서 고구려의 자(1자는 35센티미터)를 사용했음이
확인되었고 출토된 건축 재료들 곧 치미, 귀면와, 와당 등이 고구려
의 전통을 계승한 것으로 파악됨으로써 발해 문화의 성격은 고구려
문화의 전통 위에 당시 국제적인 문화를 발전시켰던 당의 문물 제도
를 융합시킨 새로운 문화임이 분명해졌다.

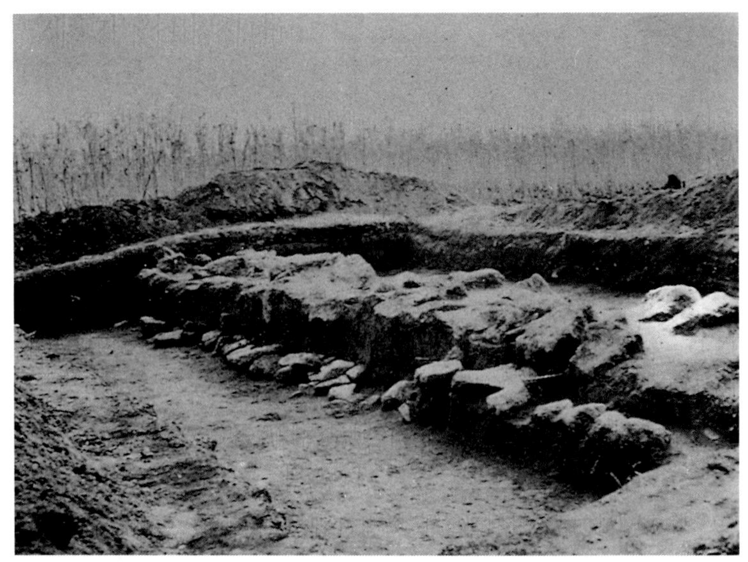

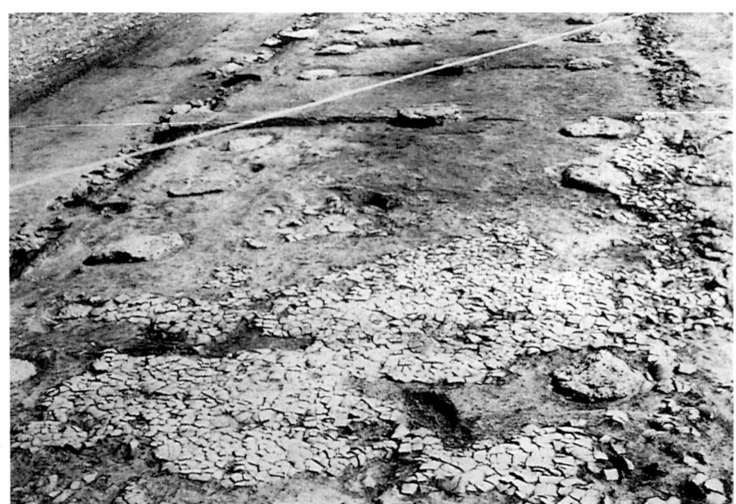

**발해 상경 용천부의 이방벽 터**  상경 용천부의 도성은 주작대로를 중심으로 하여 각 구가 정연한 이방들로 나누어져 있다.(맨 위)

**발해 관청터**  황성은 동구, 중구, 서구로 나누어져 있으며 동, 서 두 구역에서 10여 곳의 관청터가 확인되었다.(위)

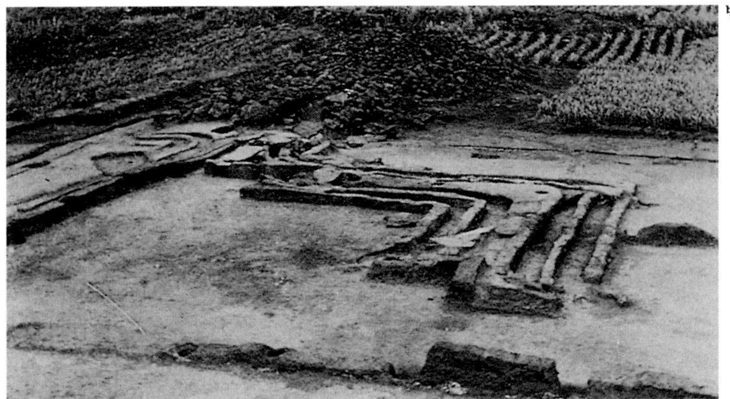

발해 궁전터 온돌
유구

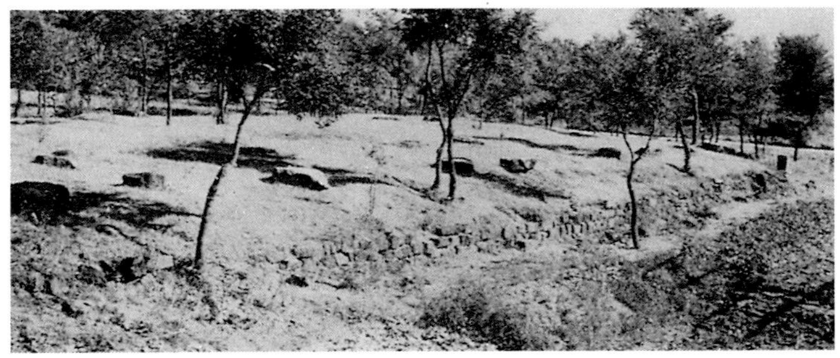

발해 제1궁전터

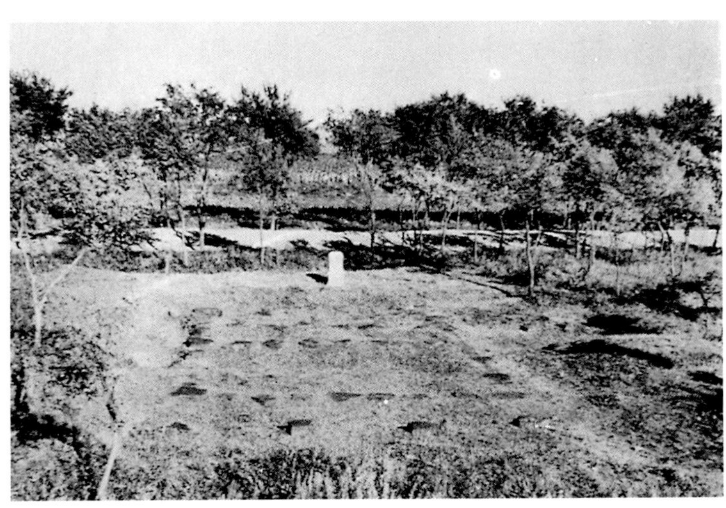

발해 제4궁전터

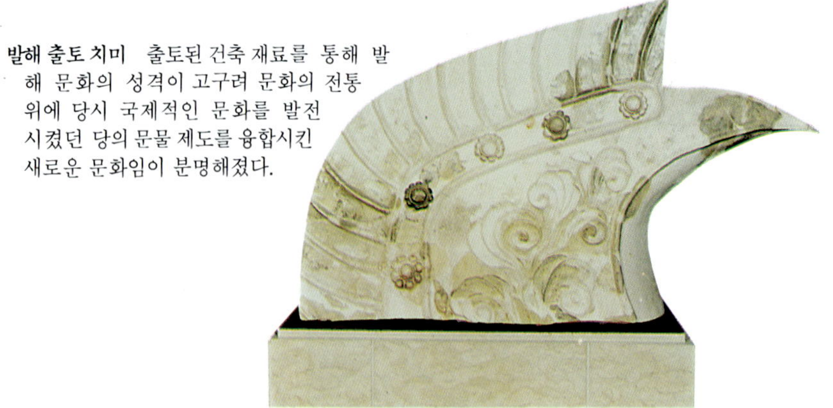

**발해 출토 치미** 출토된 건축 재료를 통해 발해 문화의 성격이 고구려 문화의 전통 위에 당시 국제적인 문화를 발전 시켰던 당의 문물 제도를 융합시킨 새로운 문화임이 분명해졌다.

　　현재 알려진 유적은 대부분 제11대 왕 대이진(830~858년) 때 증건된 것으로 생각되는데, 926년에 발해를 멸망시킨 요나라는 발해를 동단국(東丹國)으로 개칭하고 상경을 천복성(天福城)으로 개명하여 통치하였다. 이로부터 2년 뒤인 928년에는 동단의 왕실 귀족과 발해 유민들의 저항을 방지하기 위하여 동평(東平;오늘날의 遼陽)으로 옮기고 백성들도 모두 이주시켰다. 이때부터 상경 용천부는 심한 파괴를 당했는데 현재 발굴에 의하여 출토되는 불에 탄 많은 유물들을 보면 성안의 관청, 민가, 문루, 궁전 등 대다수가 화재를 당하였음을 알 수 있다. 폐허화된 상경 용천부가 문헌에 다시 등장하는 것은 17세기인 청(淸) 초기에 와서부터인데 이때 대부분의 연구자들은 이곳을 금나라의 상경 회녕부 고지(故地)라고 잘못 인식하였다. 그러나 20세기에 들어 와서 시행된 과학적인 발굴 조사에 의해서 앞서 설명한 것과 같은 발해 상경 용천부 도성의 전모가 밝혀지게 되었다.

　　발해의 상경 용천부는 발해의 정치, 경제, 문화의 중심지였을 뿐만 아니라 당시 동방에서도 이름있는 도시들 가운데 하나로서 발해의 위력 및 고구려를 계승한 높은 건축술을 보여 준다.

# 고려 궁궐

9세기 말에서 10세기 초에 이르면 신라는 후삼국으로 분열되고 발해는 국력이 약해진다. 10세기 초에 건국된 고려는 고대 국가의 분열상을 극복, 민족의 재통일을 시도하였지만 발해의 영토는 이 시기에 상실된다. 따라서 국토는 압록강 남서쪽에서 원산을 잇는 선을 국경으로 한 남쪽 지역으로 축소된다. 물론 고려는 고구려를 계승한다는 목표 아래 개성을 도읍지로 선택하였다. 또한 북쪽의 잃어버린 땅을 되찾기 위하여 평양에도 성을 쌓고 심지어 왕성을 만들고 서경(西京)으로 삼는다. 고려 초기에는 개경(開京)을 중심으로 서경(평양), 동경(東京;경주)의 3경을 두어 각각 도시를 발전시켰고, 문종 20년(1066)에는 동경 대신에 남경(南京;서울)을 중요시하여 3경에 포함시키는 한편 이곳에도 몇 차례 궁궐을 지었다.

고려시대는 일반적으로 네 시기로 구분되는데 사회 지배 세력을 기준으로 삼아 호족(豪族)의 시대(태조~경종;918~981년), 문벌 귀족(門閥貴族)의 사회(성종~의종;982~1170년), 무인 정권(武人政權) 시대(명종~원종 11년;1170~1270년), 권문 세족(權門世族)과 신진 사류(新進士類)의 사회(원종 11년~공양왕;1270~

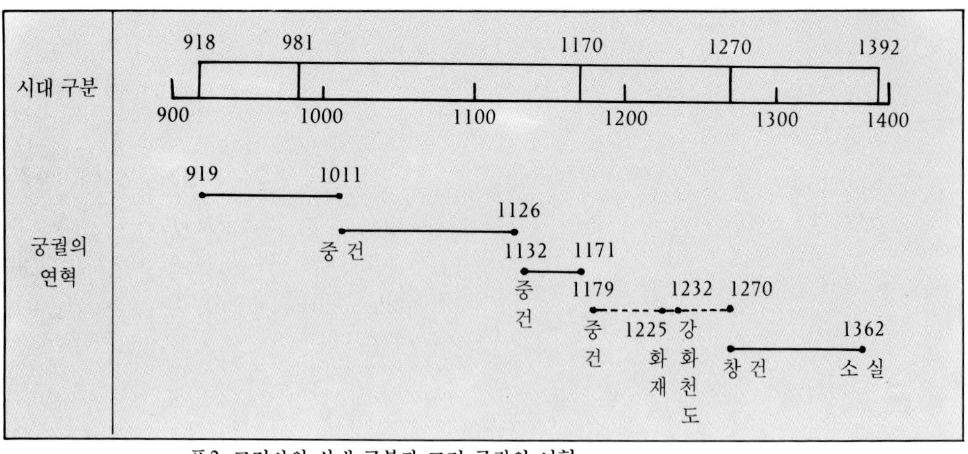



표2. 고려사의 시대 구분과 고려 궁궐의 연혁

1392년) 등으로 나누어진다.

고려의 정궁(正宮)은 후삼국시대에 태봉이 쌓았던 발어참성을 그대로 이용하면서 태조 2년(919)에 그 자리에 새롭게 창건되었다. 창건된 이래 4차례 소실되고 그 결과 4번 중건되었는데 궁궐의 변천사는 위의 시대 구분과 대략 일치함을 알 수 있다(표2).

태조 2년에 창건된 궁궐은 1011년(현종 2)에 거란의 침입으로 소실된다. 현종은 두 차례에 걸쳐 궁을 중신(重新)하고 건물과 문의 이름도 개정하여 이후 100여 년 동안의 터전을 마련한다. 창건 당시는 후삼국도 통일되기 전이고 호족 세력이 강성하여 왕권이 미약하던 때이므로 초기 궁궐은 규모도 작고 체재도 덜 갖추어져 있었다.

성종대를 거치면서 왕권이 강화되고 모든 법제(法制)가 갖추어졌기 때문에 현종 초기에 새롭게 지은 궐은 규모도 커지고 형식과 제도도 더욱 완비된 모습으로 발전되었다. 더구나 건물의 이름까지 바꾸어 새로운 궁궐로서의 면모를 과시하였다. 이때에 지은 궁궐은 1126년(인종 4)에 일어난 이자겸의 난 때 척준경의 방화로 모두 소실되었다.

1124년에 송의 사신으로 고려에 왔던 서긍(徐兢;1091~1153
년)은 웅장하고 화려했던 이 시기의 궁궐에 대하여 상세한 묘사와
아울러 찬탄을 아끼지 않았다. 그가 지은 「고려도경(高麗圖經)」
제3권부터 6권까지는 성읍(城邑), 문궐(門闕), 궁전(宮殿)에 대한
내용이다.

성읍에서는 봉경(封境), 형세(形勢), 국성(國城), 누관(樓觀), 민거
(民居), 방시(坊市) 등 당시 개경의 도시 환경을 다루었다.

문궐에서는 황성(궁성을 앞쪽에서 한 겹 더 둘러싼 성으로 궁성
밖 황성 안 사이에는 주로 관청이 배치된다. 서긍은 內城이라 함),
궁성, 도성(현종 20년 外城으로 쌓음)의 문을 정리하고 중국의 궁실
제도에 비추어 고려가 제후의 예(禮)를 따라 3문을 두었다고 설명하
였다.

궁전을 다룬 장에서는 먼저 왕부(王府)를 설명하고 궁전 건물
가운데 중요한 것만을 들어 자세하게 설명하였다. 거기에 따르면
왕성은 내성과 궁성으로 구분되고, 내성에는 13곳에 문을 내어 각각
방향에 따라 그 뜻을 담은 이름을 현판에 써서 문 위에 걸었다. 정문
은 정동쪽의 광화문(光化門)이고 내성 안의 내부(內府)는 상서성
(尙書省)을 비롯한 16부로 이루어져 궁성 앞에 배치되었다. 서긍은
궁성의 문을 전문(殿門)이라고 불렀는데 모두 15개이며 두번째
문인 신봉문(神鳳門)이 가장 화려하다고 하였다.

궁성 안의 전각에 대해서도 그 규모와 형태, 꾸밈새, 기능까지도
밝혀 놓았다. 곧 회경전은 정전(서긍은 正寢이라고도 부르고 있으나
정전은 치조에 속하여 뭇관료들의 조하를 받는 곳이고, 정침은 연조
내의 왕이나 왕비의 침전이므로 구별해야 함), 건덕전(乾德殿)은
중국 사신을 접대하는 곳, 원덕전(元德殿)은 유사시에 왕이 거처하
는 침전, 선정전(宣政殿)은 외조 곧 국정을 의논하는 편전이며, 좌춘
궁(左春宮)은 태자의 거처인 동궁이다.

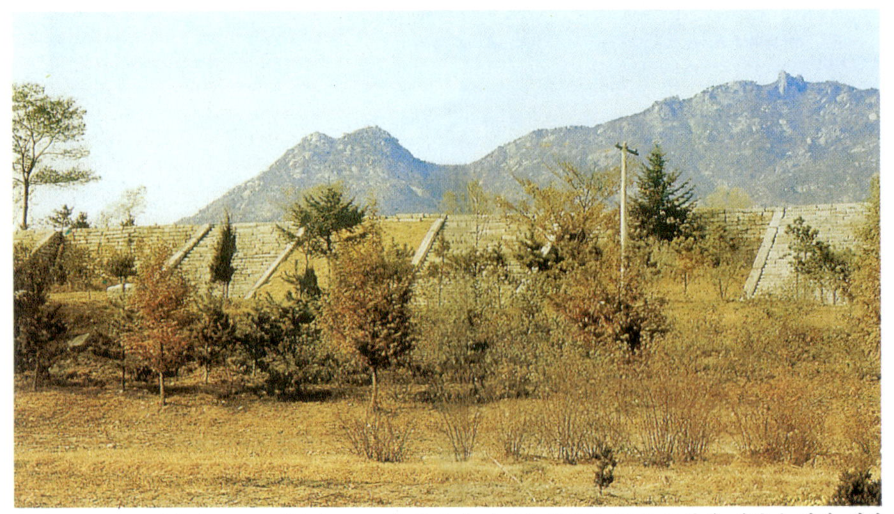

**만월대**. 1973년부터 1974년 사이에 시도된 왕궁터 발굴 조사에 의하면 정전 행각 밖 서북쪽 건물군 터는 4개의 문화층으로 되어 있어, 문헌 기록상 4번 불탔다는 내용과 일치한다. 정전 입구에 쌓았던 기단과 4곳의 33단 돌계단은 지금도 잘 남아 있다.

한편 제16권 관부(官府)에서는 내성 안의 관청 및 내성과 외성 사이에 배치된 관청의 성격과 위치를 잘 묘사하고 있다. 물론「고려도경」의 내용은 1124년 당시의 상황이다. 특히 궁궐은 1126년에 거의 불타 버렸기 때문에 1132년(인종 10)에서 1138년(인종 16)에 걸쳐 중건되었고 더구나 1138년에는 거의 모든 건물의 이름을 개정하였으므로「고려도경」에 기록된 건물의 이름과 전혀 다르다. 예를 들면 회경전은 선경전(宣慶殿), 건덕전은 대관전(大觀殿), 문덕전(文德殿)은 수문전(修文殿), 연영전(延英殿)은 집현전(集賢殿), 선정전은 훈인전(薰仁殿), 수춘궁(壽春宮)은 여정궁(麗正宮) 등으로 바뀌었으며 이 이름들은 몇몇 예를 제외하고는 대개 고려 말기까지 계속 사용되었다.

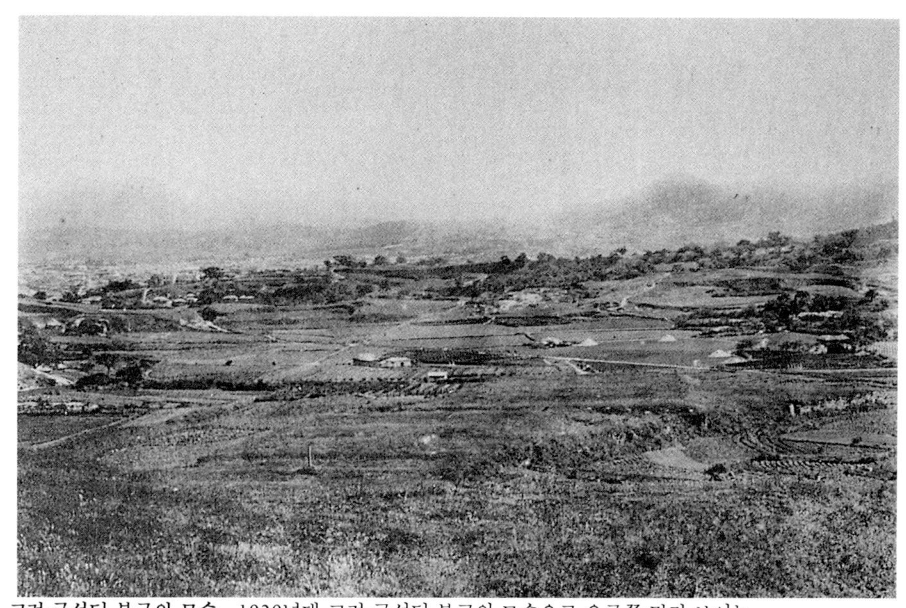

고려 궁성터 부근의 모습　1920년대 고려 궁성터 부근의 모습으로 오른쪽 멀리 보이는
　　산이 송악이다.(위)
만월대 발견 기와들(아래)

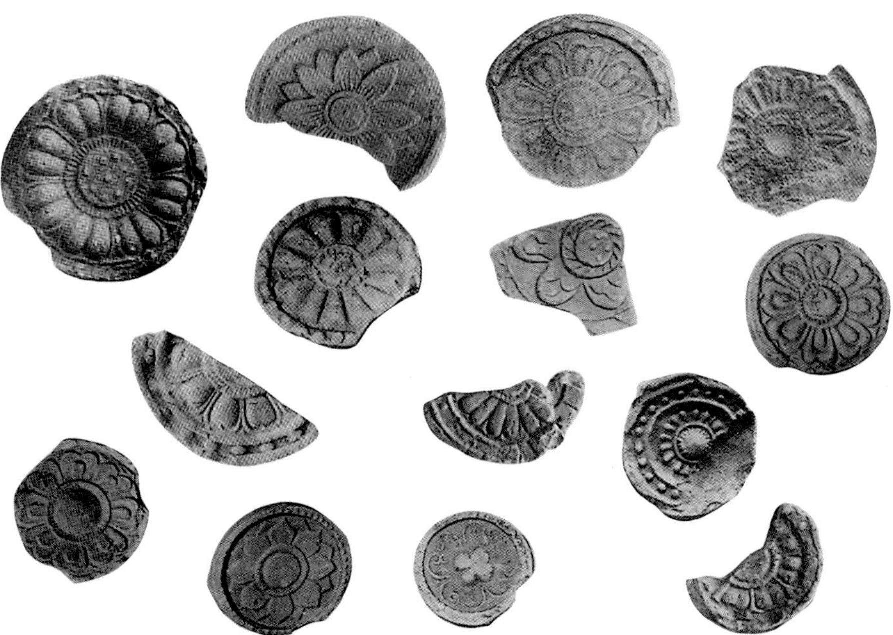

임금의 거처인 정궁이 불타 버리는 경우나 천재 지변 등을 대비하여 궁성 밖에 따로 이궁 또는 별궁(別宮)을 두게 마련이다. 1126년의 화재 이후에 인종은 주로 연경궁(延慶宮;뒤에 仁德宮으로 고쳤으나 계속 통용됨), 수창궁(壽昌宮)에 거처하였다. 사료(史料)에서는 이런 경우를 이어(移御)라 하고 다시 정궁으로 돌아가는 경우를 환어(環御)라고 하여 정궁과 이궁의 품격이 다름을 분명하게 밝히고 있다.



인종 때에는 궁궐 관계 사건이 몇 가지 발생하는데 인종 6년 2월에 남경 궁궐에 불이 난 것, 서경으로 도읍을 옮기기 위하여 인종 7년에 옛 임원역 터에 대화궁(大華宮 또는 大花宮)을 창건한 사실 등이다. 건국 초기부터 서경의 중요성을 인정하여 성을 쌓았는데 마침 정궁이 소실된 때를 이용하여 묘청, 정지상 등 서경파에 의하여 수도를 평양으로 옮기려는 계획이 추진되었던 것이다. 그러나 계획이 물거품으로 돌아가자 묘청의 난으로 비화되고 반란이 진압되자 이 사건은 일단락되어 새로 지은 궁궐도 버려지게 되었다. 그래서 정궁이 불탄 지 6년 뒤, 대화궁이 지어진 지 3년 뒤인 인종 10년(1132)에야 다시 정궁의 중건 공사가 시작되었고 6년 만인 인종 16년(1138)에 왕은 정궁으로 돌아갈 수 있었다. 이렇듯 어렵게 완성된 정궁은 이로부터 40년 만에 다시 원인모를 화재로 모두 불타 버린다. 그런데 이 40년 사이의 25년 동안 왕위에 있었던 의종(1146~1170년)은 고려시대의 궁궐 건축사에서 가장 기억될 만한 인물이다. 그는 새로 지은 궁궐에 거처하기를 꺼려하였고, 풍수지리 및 도참설을 신봉하였다. 술사(術士)들의 말에 따라 수많은 개인 집을 빼앗아 이궁으로 만들어 때때로 옮겨 다니면서 호화로운 건축과 조원(造園)을 여러 곳에 만들었다. 그 가운데 가장 유명한 곳이 수덕궁(壽德宮)과 양이정(養怡亭)이다.

의종 11년에 동생인 익양후(翼陽侯) 호(晧)의 집과 그 부근의

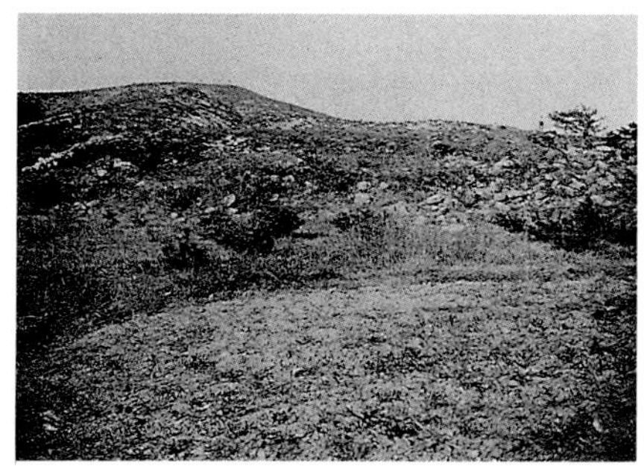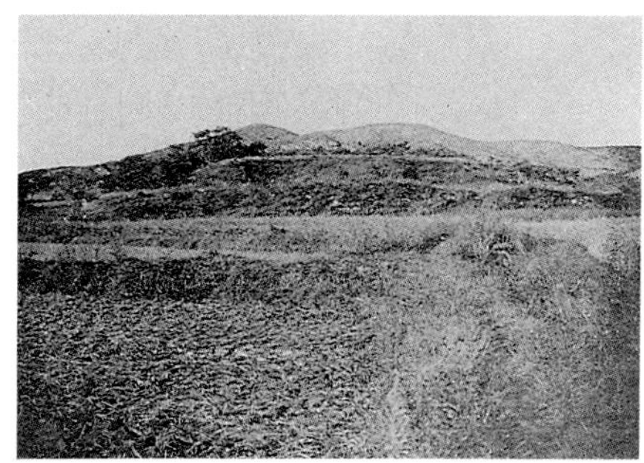

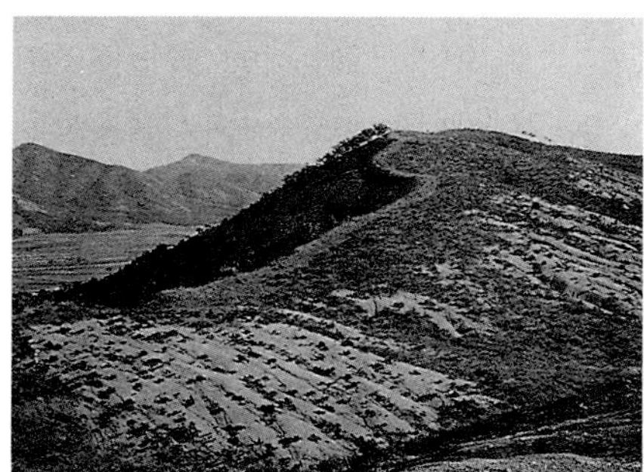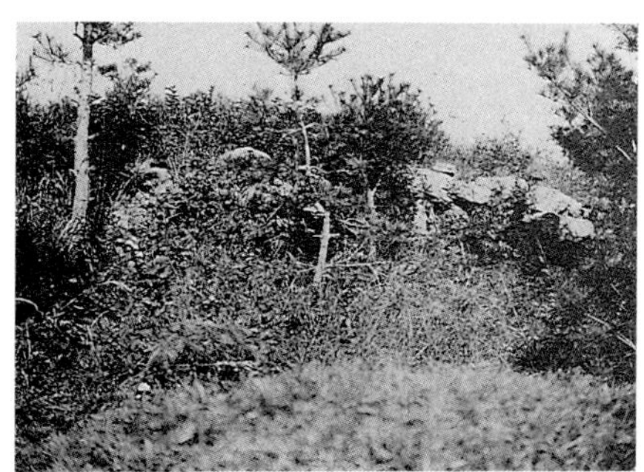

**대화궁 터**  인종 때 서경으로 도읍을 옮기기 위해 옛 임원역 터에 대화궁을 창건하였다. 그러나 서경 천도가 좌절되자 묘청의 난으로 비화되고 반란이 진압되자 대화궁도 버려지게 되었다. 맨 위 왼쪽은 내궁터, 오른쪽은 외궁터, 그 아래 왼쪽은 토성 유구이며 오른쪽은 외궁에 남아 있는 석실 고분의 유구이다.

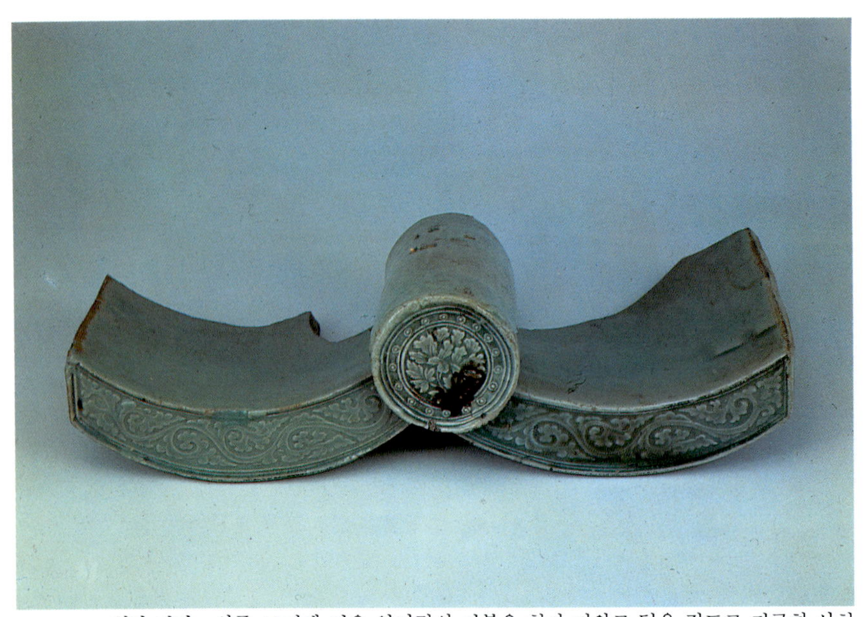

**청자 기와** 의종 11년에 지은 양이정의 지붕은 청자 기와로 덮을 정도로 지극히 사치
스럽고 화려했다. 국립중앙박물관 소장의 청자 수막새와 암막새 등의 유물을 통해
호화로운 건축의 일면을 볼 수 있다. 이 기와들은 전라남도 강진군 사당리 청자 가마
터에서 출토된 것이다.

민가 50여 채를 헐어 그 자리에 태평정, 양이정, 관란정(觀瀾亭),
양화정(養和亭) 등을 세웠는데, 특히 양이정의 지붕은 청자와(青瓷
瓦)로 덮었을 정도로 지극히 사치스럽고 화려했다. 이 기록과 관련
하여 국립중앙박물관 소장의 청자 수막새, 청자 암막새 등이 주목되
는데 이 기와들은 전라남도 강진군 사당리의 청자 가마터에서 출토
된 것이다(「松都의 古蹟」). 정치보다는 개인적 사치와 향락에 몰두
했던 의종은 1170년에 일어난 무신의 난으로 왕위에서 쫓겨나고
만다. 귀족 문화의 절정기인 12세기에 이룩되었던 당시의 궁궐 건축
은 지극히 화려하고 장식적인 건축이었을 것이나 그 터가 확인된
곳은 거의 없어서 위의 청자 기와를 통하여 간접적으로 짐작해 볼

수 있을 뿐이다.

1171년(명종 1)에 발생한 화재는 후원의 정자 몇 채만을 남기고 모든 건물을 불태워 버렸다. 이리하여 귀족 문화가 난숙하게 꽃피었던 시기의 궁궐 건축은 완전히 자취를 감추게 되었으며, 무신의 집권으로 왕의 권력이 크게 위축되자 궁궐의 중건도 부진하였다. 1179년(명종 9)에 중건 공사를 시작하였으나 1196년(명종 26)까지 강안전과 대관전만이 중건되었으며 정전인 선경전은 1203년(신종 6) 무렵에야 지어졌다. 이때 지어진 선경전에 대해서는 상량문이 남아 있는데, 이 상량문을 지은 최선(崔詵;?~1209년)은 건축을 담당한 관청인 장작감(將作監)의 우두머리를 역임한 적이 있다. 그는 이때의 공사에 대하여 "땅은 음양(陰陽)의 마땅한 곳을 택하였고 때는 좋은 날을 택하였으며, 토목 비용을 줄여 써서 백성을 괴롭히지 않았다"고 평가하였다. 선경전과 대관전은 각각 정전, 편전으로서 내부의 왕좌(王座;옥좌, 보좌 등으로도 부름) 뒤에는 병풍(倚屛)을 둘렀는데, 이 의병에는 조선시대의 일월오봉병(日月五峯屛)과는 달리 「서경(書經)」의 '홍범(弘範)편'과 「시경」의 '무일(無逸)편'을 써서 세웠다(「고려사」 희종 2년 4월 갑자조).

불에 탄 지 30여 년 뒤에야 겨우 정전을 지었을 정도로 이 시기의 궁궐은 제모습을 갖추지 못했었는데 그나마 1225년(고종 12)에 저상전, 봉원전, 목친전, 함원전 등과 낭무(廊廡) 137칸이 연소되는 큰 화재를 당한다. 게다가 계속되는 몽고의 침입을 피하여 1232년(고종 19) 강화도로 도읍을 옮겨 그곳에 궁궐을 짓고 40년 동안이나 개경을 버려 두었기 때문에 몽고병의 말발굽 아래 놓였던 궁궐은 거의 폐허처럼 변한다. 곧 몽고에게 굴복하여 개경으로 환도한 1270년에는 궁궐을 창건하였다고 기록할 정도였다. 무신 집권기에 축소된 왕권을 반영하듯 궁궐 건축도 앞 시기보다 크게 위축되었던 것이다.

  1270년에 창건된 궁궐에 대해서는 자세한 기록이 남아 있지 않지만 이 궁궐이 1362년(공민왕 11)에 홍건적의 침략으로 소실될 때까지 지속된 듯하다. 이 시기에는 원나라의 지배를 받았고 왕실이 그들과 혼인을 하고 심지어는 원나라 공주를 왕비로 맞아들였기 때문에 궁정 문화의 성격도 많이 변화되었다. 따라서 궁궐 건축도 일부는 원나라에서 수입한 건축 양식을 모방하여 만들어졌을 것으로 짐작되지만, 공민왕(1351~1374년) 이후에 원나라의 문물 전반을 배격하고 우리것을 찾으려는 움직임이 있은 뒤 대부분 사라졌다. 어쨌든 이때의 궁궐 건축이 어떠했는지를 알려 줄 유물 자료는 현재 알려져 있지 않다.

  1973년부터 1974년 사이에 시도된 왕궁터 발굴 조사에 의하면 정전 행각 밖 서북쪽 건물군 터는 4개의 문화층으로 되어 있어, 문헌 기록상 4번 불탔다는 내용과 일치한다(「우리나라 력사 유적」). 정전 입구에 쌓았던 기단과 4곳의 33단 돌계단은 지금도 잘 남아 있으며 그 북쪽 건물터에는 주춧돌이 남아 있다.

  위의 정전 기단 또는 터 전체를 가리켜 만월대(滿月臺)라고 부르고 있는데 이는 고려시대에 붙여진 이름이 아니다. 곧 빈터만 남아 있는 고려 궁궐의 옛 모습을 보고 뒷날 사람들이 임의로 그렇게 불렀는데(蔡壽「遊松都錄」및 兪好仁「遊松都錄」) 조선 초기에 정부에서 편찬한 역사 지리책인「신증동국여지승람」에서 만월대를 정전 앞 계단이라고 기록함으로써 마치 원래의 이름인양 통용되게 된 것이다. 그렇다면 왜 '만월(滿月)'이란 이름이 붙여진 것일까?「중경지(中京誌)」에서는 남효온(1454~1492년)의 견해에 따라서 "망월대(望月臺)가 궁궐 안에 있었는데 이와 발음이 비슷한 만월대로 잘못 알려진 것"이라고 보았다. 그러나 '만월'이란 이름의 뜻을 생각하여 달리 해석해 볼 여지도 있다. 곧 만월은 신월(新月)이나 반월(半月)과 대립되는 말로서 보름달을 뜻하는데 삼국시대 이래로 고구

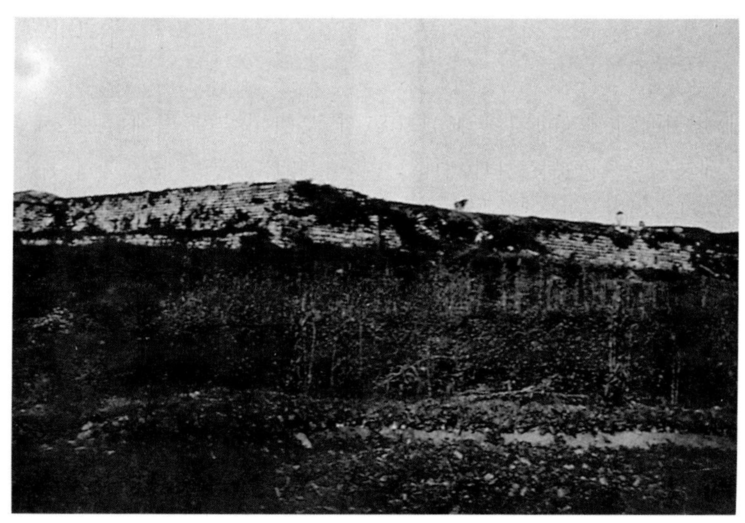

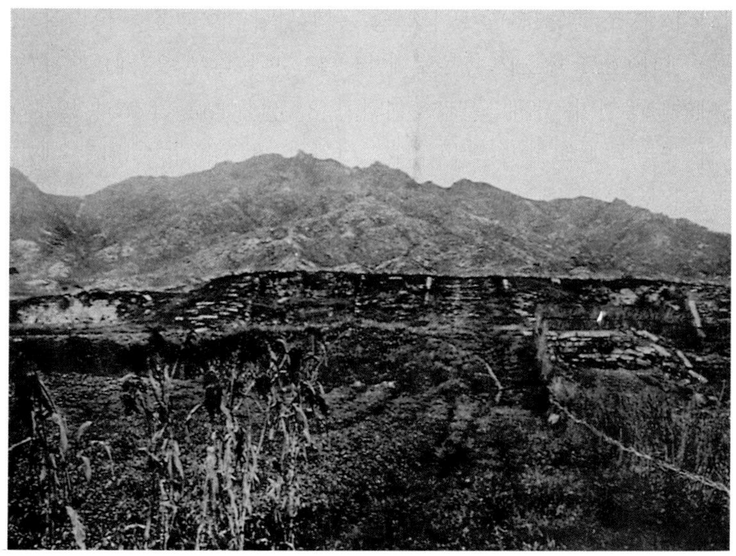

**만월대**  맨 위는 만월대 서남부 쪽에서 바라본 모습이고 그 아래는 전면의 모습으로 복원되기 전 33단의 돌계단이 있는 단이다.

려와 신라의 궁성에도 붙여졌던 이름이다. 신월이나 반월이 국가가
흥성해 가는 상태에 비유되고, 만월은 국가가 절정기에 이른 뒤
쇠퇴해 가는 것을 상징하는 데 쓰였던 사실(「삼국유사」 권 제3 흥법
'보장봉노 보덕이암 조')을 상기한다면 망한 고려 왕조의 옛 궁궐터
를 만월대라고 부른 이유를 이해할 수 있다.

　정궁의 명칭은 무엇이었을까? 조선 초기의 기록인 「세종실록지리
지」나 「신증동국여지승람」에서는 만월대가 연경궁 정전의 기단이며
정궁의 명칭은 연경궁이라고 하였다. 그러면서 지금은 본대궐(本大
闕)이라 부른다고 덧붙여 놓았다.

　먼저 연경궁이 정궁의 명칭이라는 기록을 검토해 보자. 앞에서
인종 4년(1126)에 일어난 이자겸의 난으로 정궁이 불타자 임금은
곧 별궁인 연경궁으로 옮겨 지냈다고 하였다. 또 조선 후기의 실학
자로서 「고려고도징(高麗古都徵)」(1847년 간행)을 쓴 한재렴(韓在
濂; 1775~1818년)은 연경궁은 궁궐 안에 있던 한 별궁에 지나지
않으며 궁궐의 총칭이 아님을 분명히 하였다. 조선 초기 이래 잘못
전해져 온 주장을 19세기 중엽에 이르러서야 한 실학자가 문헌
고증을 통하여 바로잡은 것이다. 그러나 정부에서 편찬한 「증보문헌
비고」(1908년)에는 여전히 연경궁을 정궁으로 기록해 놓았다.

　이 문제는 고려시대에 작성된 1차 사료인 '연경궁 정전 상량문'
(「동문선」)을 보면 분명하게 해결된다. 곧 1309년(충선왕 1)에
연경궁 정전을 지을 때 임종비가 쓴 이 글에 의하면 원래 연경원
(延慶院)이던 이곳에서 현종 9년(1018) 7월에 왕자가 태어나자
궁으로 승격시킨 것이며, 인종 4년에 정궁이 불탄 뒤 왕이 이곳에
머무르게 되자 이름을 인덕궁(仁德宮)으로 고친 적이 있으며 명종
이후에는 다시 연경궁으로 불렀다고 한다. 또 이 궁의 성격에 대해
서는 대내(大內)의 별궁이라고 분명하게 적고 있다. 다만 1217년
(고종 4) 이후부터 정궁을 본궐(本闕)이라고 부르기 시작하였으며

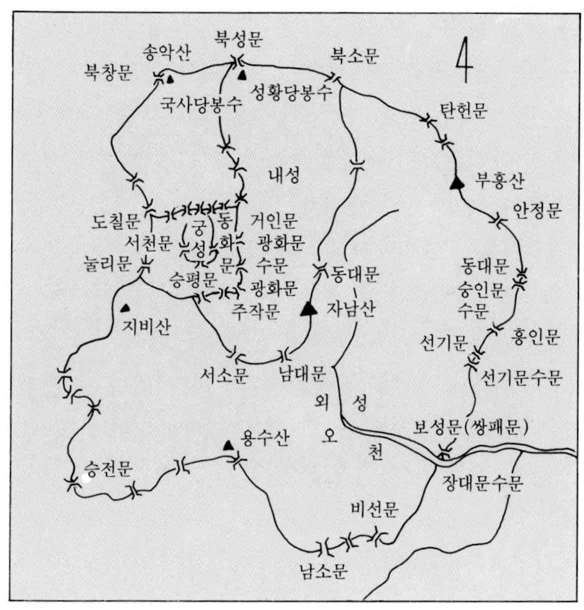


**고려 도성 유적도**  고려의 도성은 궁성, 황성, 내성, 외성 등 4겹의 성으로 이루어졌다. 터의 현황을 짐작해 보더라도 웅장한 건물들이 언덕을 따라 올라가면서 겹겹이 포개져 있는 모습은 송악과 어우러져 장관을 이루었을 것으로 짐작된다.

강화도로부터 개경으로 환도한 뒤에는 본격적으로 본궐로 부르고 있음을 알 수 있다. 조선시대에도 고려의 정궁을 본궐로 불렀던 것은 그 때문이다.

한편 고려의 도성은 궁성, 황성, 내성, 외성 등 4겹의 성으로 이루어졌는데 건국 초기부터 이렇게 완비된 도성을 갖추었던 것은 아니다. 3차례 거란의 침입이 있은 뒤인 현종 때에 이르러 수도를 방어할 도성이 필요하게 되었고 강감찬의 요청을 받아들여 도시 전체를 둘러막는 도성으로서 나성(곧 外城)을 쌓았다. 현종이 즉위한 해

(1009년)부터 현종 20년(1029) 사이에 장정 23만 8,938명과 기술자 8,450명을 동원하여 쌓았는데 성 둘레에는 큰 문 4개, 중간 문 8개, 작은 문 13개를 설치하였고 성안은 도시를 5부 35방 344리로 구획하였다. 그런데 개성의 이방(里坊)은 지형 조건에 맞추어 구획되었기 때문에 앞 시대의 정연한 정(井)자형 도시와는 기본적으로 큰 차가 있다.

나성 안쪽에 다시 내성을 쌓은 것은 1391년부터 1393년 사이인데 이때는 고려의 국력이 크게 약화되고 왜구의 침입이 극성한 시기였기 때문에 수도의 방어를 강화할 필요가 있었다. 내성은 평면이 반달 모양이라는 이유로 반월성이라 부르기도 하였다. 성 둘레에는 남대문을 비롯하여 동대문, 동소문, 서소문, 북소문, 진언문 등 7개의 성문이 있었는데 문루는 대개 없어지고 남대문만 1954년에 복원한 모습대로 남아 있다.

황성은 궁성을 한 겹 더 둘러싼 성으로 축성 시기가 확실하지는 않지만 태조가 궁궐을 창건할 때 궁궐을 보호할 목적으로 쌓았거나 광종 11년에 개성의 이름을 황도(皇都)로 고치고 독자적인 연호인 광덕(光德), 준풍(峻豊)을 쓰며 스스로를 황제로 칭했을 때 새로 쌓아 황성이라고 불렀을 것으로 여겨진다. 곧 현종 때 나성을 쌓기 전에는 궁성과 이를 둘러싼 황성만이 있었고 시가지는 황성 밖에 조성되었다. 궁궐과 관청만을 보호하는 성곽이 있었을 뿐 왕경인을 보호할 도성은 고려 건국 이후 100여 년 뒤에야 완성되었던 것이다. 서긍이 고려에 왔을 때는 이미 나성이 축성된 뒤였으므로 개경은 궁성, 황성, 나성을 모두 갖춘 도시였다. 그는 「고려도경」에서 나성을 왕성, 황성을 왕부 또는 내성, 궁성을 왕궁으로 부르며 애써 황성의 존재를 인정하지 않았다. 그러나 고려는 둘레 2,600칸에 성문 20개(廣化, 通陽, 朱雀, 南薰, 安祥, 歸仁, 迎秋, 宣義, 長平, 通德, 乾化, 金耀, 泰和, 上東, 和平, 朝宗, 宣仁, 青陽, 玄武, 北小門)를 설치한 황성을 갖추고 그 안에 여러 관청과 궁궐을 배치하여 고구려의 장안성에서 궁궐을 내성, 중성, 외성 3겹으로 두른 형식을 계승하고 있다. 또 당의 장안성 이래로 새로 정립된 형식과 제도를 따라서 궁성을 중심으로 남쪽에는 관청, 동쪽에는 동궁, 서쪽에는 왕과 왕비의 침전, 북쪽에는 후원을 배치하였다. 송(宋)의 변경성(汴京城)에 당나라 이래의 황성 제도(皇城制度)를 쓰지 않은 점은 고려와 달라서 주목된다.

궁성 안 궁궐의 배치에 대해서는 정문으로부터 북쪽으로 계속되는 주요 건물군과 그 서북쪽 건물군이 알려져 있는 정도이다. 각 건물터가 원래 어떤 건물 자리였는가는 서긍의 「고려도경」을 참고하면 대개 알 수 있는데, 다만 이 시기의 건물 이름은 인종 16년에 모두 바뀌었음을 고려하여 배치도에 건물 이름을 배정해야 한다.

풍수지리설에 입각한 명당(明堂) 자리를 궁궐터로 선정하였기 때문에 경사가 가파른 언덕을 그대로 활용하여 높은 기단을 쌓아 높이의 차를 극복하고, 정전을 비롯한 주요 건물은 4면에 행각(行閣)을 둘러 폐쇄적인 공간을 형성하고 있다. 정전 뒤쪽의 건물군은 지형상의 이유로 정전의 남북 중심축으로부터 약간 동쪽으로 벗어나 배치되어 있다. 터의 현황을 기초로 짐작해 보더라도 웅장한 건물들이 언덕을 따라 올라가면서 겹겹이 포개져 있는 모습은 송악과 어우러져 장관을 이루었을 것으로 짐작된다. 고려시대 궁궐의 전체상을 이해하기 위한 노력으로 복원 모형이 제작되어 있으나 앞으로 완벽한 발굴과 철저한 문헌 연구를 통하여 밝혀야 할 문제가 많음을 지적하여 둔다.

# 조선 궁궐

조선은 태조 1년(1392)부터 순종 4년(1910)까지 27대 518년 동안 지속된 왕조이다. 475년 동안 고려 왕조의 수도였던 개성을 버리고 새로운 왕조의 수도와 궁궐을 건설한 곳은 한양 곧 조선시대의 한성이자 지금의 서울이다. 이 한양은 이미 삼국시대 초기에 백제의 도읍지였고 삼국의 쟁탈지였는데 신라 통일 이후에는 수도인 경주로부터 멀리 떨어진 지방에 있는 한양군에 불과하였다. 그러나 고려시대에는 개성에 가까이 있었기 때문에 수도를 보좌하는 곳으로서 특별히 남경으로 승격되었다. 더구나 지리 도참설의 영향 때문에 숙종(1095~1105년) 때에는 남경에 도성과 궁궐을 지었으며 뒤이어 공민왕(1351~1374년) 때에도 남경으로 천도할 계획 아래 새롭게 궁궐을 짓기도 하였는데 끝내 천도를 실행하지는 못하였다. 이렇듯 이미 고려시대에 개성을 대신할 최적의 도읍지로 여겨졌던 한양은 고려가 멸망하고 새로운 왕조인 조선이 건국된 뒤에야 비로소 새로운 도읍지로 채택되었다.

한양으로의 천도 과정과 궁궐, 종묘, 사직의 건설 및 도성의 축조에 대해서는 「태조실록」에 상세하게 기록되어 있다. 특히 한양을

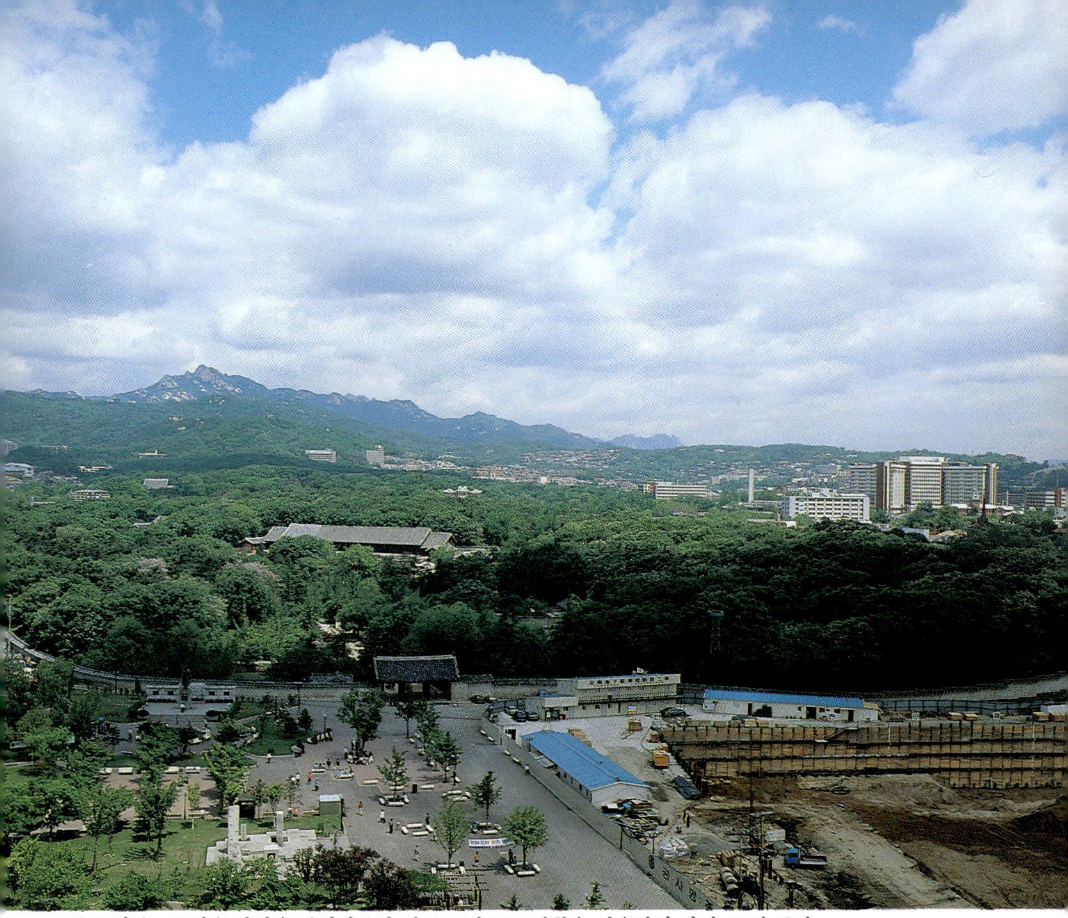

**종묘 전경**　조선은 한양을 명실상부한 경도로 만드는 계획을 세우면서 사직, 궁궐 등과
함께 역대 왕의 신위를 모시는 종묘의 위치와 설계 등도 계획했다.

명실상부한 경도(京都)로 만드는 계획에 참여했던 인물들의 활동상
까지 적혀 있는데 그들은 신도궁궐조성도감(新都宮闕造成都監)이라
는 임시 기구에 소속되어 도성을 쌓을 터를 비롯하여 종묘, 사직,
궁궐, 시장, 도로 등을 배열할 터를 결정하고 구체적인 건설 계획을
추진하였다. 이러한 인물들 가운데서도 조선 개국에 공이 컸던 정도
전(鄭道傳;?~1398년)은 도성 건설의 총책임자로 도성의 계획,

경복궁이라는 이름과 경복궁 안 여러 건물의 이름을 짓기도 하였
고 종묘와 사직의 위치 결정, 경복궁의 설계 등에 깊이 관여했다.
　새로운 도시의 건설에는 막대한 비용과 물자가 요구되므로 전국
가적인 경제력이 집중적으로 투입되어야 했다.「태조실록」에는 당시
에 왕실과 정부에서 쏟은 노력과 그 결과인 궁궐과 도성의 현황에
대해서는 상세히 기록하고 있지만, 민간에서 겪은 극심한 고통(부역
노동, 경제적 수탈)에 대해서는 별로 기록하고 있지 않다.

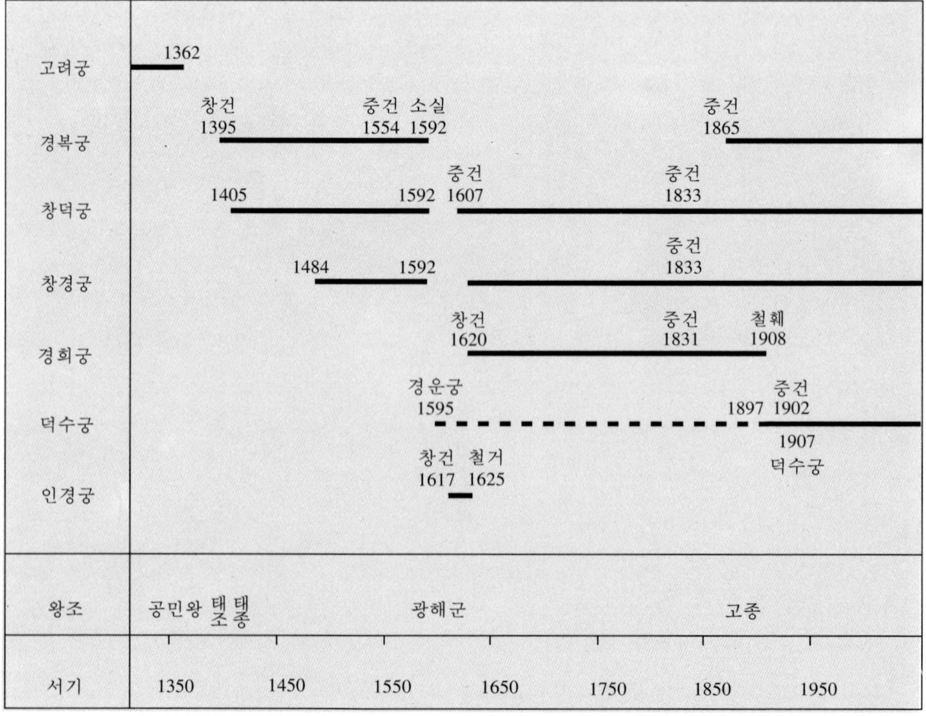


표3. 조선시대 궁궐 약사(略史)　조선시대는「왕조실록」을 비롯한 다양하고도 풍부한
문헌 자료들이 남아 있어서 궁궐 및 도성에 대하여 보다 많은 사실을 파악할 수 있
다. 조선시대의 궁궐은 임진왜란 때 전부 불에 타 없어진 것을 그 뒤에 다시 지었기
때문에 이를 전후한 두 시기로 나누어 살펴보는 것이 좋다.

우리는 앞서 삼국시대로부터 고려시대까지의 도성과 궁궐을 고찰하면서 그 연혁과 현상을 가까스로 재구성해 볼 수 있었을 뿐 건설 계획, 설계, 공사 등에 참여한 사람들에 대해서는 전혀 알 수 없었다. 그러나 조선시대에 이르면 「왕조실록」을 비롯한 다양하고도 풍부한 문헌 자료들이 남아 있어서 궁궐 및 도성에 대하여 보다 많은 사실을 파악할 수 있다. 더구나 조선시대에 지어진 궁궐과 도성은 지금까지도 제자리에 비교적 잘 남아 있다. 물론 처음 지을 당시의 것이 아니고 뒷날 다시 지은 것들이 대부분이지만 역사의 현장인 궁궐이 비교적 잘 보존되어 있어서 언제든지 가 볼 수 있다. 태조 초에 건설되어 500여 년 동안 수도로서 명맥을 이어 온 한성의 궁궐과 도성은 어떠한 계획 원리 아래 조성되었으며, 역사의 흐름 속에서 어떻게 변천되어 왔을까?

조선시대는 임진왜란과 병자호란이 일어난 16세기 말에서 17세기 초를 경계로 하여 두 시기로 나누어진다. 특히 궁궐은 임진왜란 때 전부 불에 타 없어진 것을 그 뒤에 다시 지었기 때문에 이를 전후한 두 시기로 나누어 살펴보는 것이 좋다.

96쪽 사진

# 조선 전기

조선 전기는 1392년부터 1592년(선조 25)까지의 200년 동안으로 고려로부터 계승되어 온 문화를 극복하고 성리학이라는 새로운 사상을 바탕으로 양반 관료 사회를 형성해 간 시기이다. 그런데 왕실은 국왕 중심의 집권 체제를 추구한 반면 유신(儒臣)들은 관료 중심의 정치 운영을 이상으로 삼았기 때문에 왕권(王權)과 신권(臣權) 사이에는 항상 긴장과 갈등이 있었다. 물론 조화를 통하여 이상적인 정치를 폈던 세종 같은 임금도 있었으나 태종이나 세조처럼 많은 관료들을 희생시키면서까지 왕권을 강화하려고 한 예도 있었다.

궁궐 건축을 짓는 과정에서도 꼭 필요한 건물말고는 짓지 말도록 간청하는 것이 관료(사헌부와 사간원의 言官)들의 임무였으므로 왕은 그들과 대립하는 경우가 많았다. 그들은 백성들의 고통을 생각하면서 검소하고 질박한 건물로 짓도록 왕에게 요구하였다. 그러나 왕의 입장에서 보면 이러한 요구는 최고 통치자의 거처이기도 한 궁궐을 마음대로 지을 수 없게 하는 지나친 간섭으로 여겨졌다. 관료들은 유교에서 규정한 성군(聖君)이 되기를 왕에게 요구하는 한편, 평소에는 경연(經筵)을 통하여 역사상 왕도 정치(王道政治)를 행한 임금들의 치적(治績)을 교육하고, 특히 그들의 거처인 궁궐이 검소하고 누추하기까지 하였다는 고사를 들려 주곤 하였다. 조선 전기의 궁궐 건축사는 이러한 제약된 상황 아래 전개되었다.

이와 같은 유교적 군주관(君主觀)에 적합한 궁궐에 대해서 중국에서는 일찍부터 '궁실 제도'라는 이름으로 「주례」와 같은 예서(禮書)에 잘 정리해 놓았다. 경복궁 설계를 담당하였던 정도전이 중국 고대의 이상 국가로 유교 경전에 기록되어 있는 하나라, 은나라, 주나라 3대(三代)의 정치를 이상적인 것으로 여겼던 사실을 감안하면, 주나라의 궁궐 건축에 대한 제도(周制)를 이상형으로 받아들여 경복궁의 설계에 적용하려 했던 것 같다. 더구나 태조 이성계는 고려 왕조의 신하라는 위치에서 혁명을 통하여 여러 사람들의 추대를 받아 왕위에 올랐기 때문에 앞 시대의 왕들처럼 신비로운 존재로도, 절대적인 권력을 쥔 존재로도 생각되지 않았다. 다만 민심과 하늘의 뜻을 받아들여 왕위에 오른 지배자로 생각되었다.

「주례고공기(周禮考工記)」에 명시되어 있는 국도(國都)의 구성 원리에는 전조 후시(前朝後市;궁궐을 중심으로 앞쪽에는 정치를 행하는 관청을 놓고 뒤쪽에는 시가지를 형성함), 좌묘 우사(左廟右

社;궁궐을 중심으로 그 왼쪽에는 왕실 조상의 사당인 종묘를 놓고 오른쪽에는 사직단을 배치함)가 있다. 또 궁궐의 구성 원리로는 전조 후침(前朝後寢;궁궐은 앞쪽에 정치를 하는 장소인 조정을 두고 뒤쪽에 임금을 비롯한 왕실의 거처인 침전을 배치함)과 3문 3조(三門三朝;궁궐은 전체를 3개의 독립된 구역으로 분할하여 각 구역을 울타리로 둘러막고 각 구역 사이에는 문을 두어 연결시킴)가 있다.

이러한 제도적 규정은 주대(周代) 이후 줄곧 중국의 도성 및 궁궐의 계획에도 기본적 구성 원리로 사용되었다. 그러나 어겨서는 안 될 규범적 법칙으로서 적용되었다기보다는 이상적 규범으로서, 하나의 기준으로서 받아들여졌다. 실제로는 황제의 권력이 막강해지고 국가의 규모가 광대해짐에 따라 거기에 맞는 새로운 도시와 궁궐이 요구되었기 때문에 새로운 도성 제도와 궁실 제도가 생겨났다. 예를 들면 당의 장안성에서는 궁궐을 중앙으로부터 북쪽 끝에 배치하고 궁성 왼쪽(동쪽)에는 동궁, 오른쪽(서쪽)에는 액정궁(掖庭宮;궁녀가 있는 궁)을 배열하였으며 궁성 앞쪽에 관청을 배치한 다음 황성을 한 겹 더 두르고 그 앞쪽에 시가지를 건설한 뒤 전체를 다시 장방형의 외성으로 둘렀다. 명, 청대의 도성 계획도 주제(周制)나 당제(唐制)로만은 설명되지 않는 나름의 계획 원리를 가지고 있다.

우리나라 발해의 상경 용천부 도성은 당제에 가까우며 궁궐의 구성은 전조 후침 또는 3문 3조를 따랐을 것으로 추측된다. 그렇다면 창건된 경복궁성과 한성의 도성은 어떤가. 경복궁성은 도성의 한복판에 있지 않고 북서쪽에 치우쳐 있으며 남향으로 배치되어 있다. 궁성 남쪽의 큰 길 좌우에는 의정부, 6조, 한성부, 사헌부, 삼군부 등 주요 관청을 배치하였고, 그 남쪽 동서로 뚫린 큰 길(동대문과 서대문을 잇는 길 곧 지금의 종로)에 시장을 열어 시가지를 형성하였다. 종묘와 사직을 각각 경복궁성의 왼쪽과 오른쪽에 놓았으나 등간격으로 대칭이 되도록 배치하지는 않았다. 또 도시 전체를 둘러싸는 외성을 평지에 장방형으로 쌓지 않고 한성 분지를 외호(外護)하고 있는 백악산, 응봉, 인왕산, 타락산, 남산의 등성이에 산성 형식으로 지형에 맞게 쌓았다. 결과적으로 주제를 의식하였으되 한성의 지형과 풍수적 명당터를 더 존중하여 도성을 계획하였음을 알 수 있다. 물론 이러한 계획 방법은 고려의 도성에서도 볼 수 있다. 경복궁의 구성 원리는 무엇인가? 태조 4년(1395) 9월 29일의 「태조실록」 기사에는 창건 당시 경복궁의 규모, 배치, 각 건물의 기능 등을 자세히 기록하고 있다. 곧 연침(燕寢), 동소침(東小寢), 서소침(西小寢), 보평청(報平廳) 등 내전 건물과 정전, 동서 각루(東西角樓), 주방, 등촉인자방(燈燭引者房), 상의원(尚衣院), 양전사옹방(兩殿司饔房), 상서사(尚書司), 승지방(承旨房), 내시다방(內侍茶房), 경흥부(敬興府), 중추원(中樞院), 삼군부(三軍府), 동서 누고(東西樓庫) 등 390여 칸이 준공되었다.

101쪽 사진　이제 「주례」의 궁실 제도인 '3문 3조'를 적용하여 창건 당시 경복궁의 배치 원리를 알아보자. 먼저 3조는 연조, 치조(또는 내조), 외조를 말하는데 연조는 왕과 왕비 및 왕실 일족이 생활하는 사사로운 구역으로 위의 연침, 동소침, 서소침 등 3채의 침전이 연조에 속한다. 치조는 임금이 신하들과 더불어 정치를 행하는 공공적인 구역으로서 정전(正殿；朝禮를 거행하고 법령을 반포하며 조하를 받는 곳)과 편전(便殿；重臣들과 국정을 의논하는 곳)으로 이루어지므로 보평청과 정전이 여기에 속한다.

　외조는 조정의 관료들이 집무하는 관청이 배치되는 구역으로 주방 이하 동서 누고까지가 여기에 속한다. 창건 당시에 궁궐 이름을 경복궁이라고 명명하였던 정도전은 각 건물의 이름과 이름을 지은 의의를 임금께 올렸는데, 연침을 강녕전(康寧殿), 동소침을 연생전(延生殿), 서소침을 경성전(慶成殿)이라 하고 연침 남쪽의

연조
치조
외조
루
루
강녕전
경성전
연생전
사정전
근정전
43
50
80
112.5
80
272.5
271.0
178.0
융무루
융문루
근정문
서각루
동각루
월화문
일화문
금천교
물길
정문
서각루
동각루

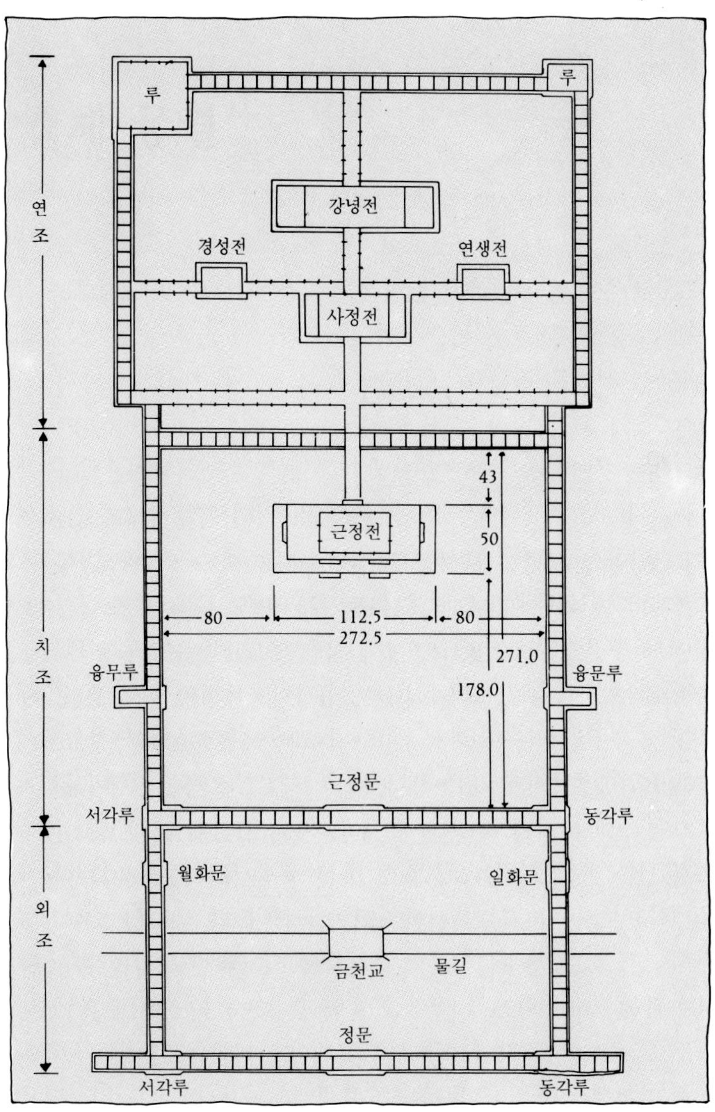

경복궁 창건 배치 추정안

보평청을 사정전(思政殿), 정전을 근정전(勤政殿), 동쪽 누를 융문루(隆文樓), 서쪽 누를 융무루(隆武樓), 전문(殿門)을 근정문, 남쪽 문인 오문(午門)을 정문(正門)이라고 하였다.

연조, 치조, 외조는 각기 회랑으로 둘러싸인 폐쇄적 중정(中庭) 형식을 취하면서 남에서 북으로 연속되어야 하는데, 위에 소개한 「태조실록」의 기사를 참조하여 창건 당시의 배치도를 추정해 보면 3문 3조라는 원리를 충실히 따르고 있음을 알 수 있다. 3문은 고문(庫門;외조의 정문), 치문(雉門;치조의 정문), 노문(路門;연조의 정문)인데 이를 경복궁에 적용하여 보면 오문(午門;남문)이 고문, 전문(殿門;근정문)이 치문이 된다. 단 보평청 뒤와 연침 사이 행랑에 문이 있었다는 기록은 없지만 노문에 해당되는 문이 있었을 것이다. 이 3문 3조로 이루어진 궁실 전체를 다시 궁성으로 둘러싸고 거기에 동문(건춘문), 서문(영추문), 남문(광화문, 2층 누문)을 설치한 다음 남문 앞쪽 대로(大路) 좌우에는 의정부, 삼군부, 6조, 사헌부 등 관청을 나란히 배치하였다.

이와 같은 창건 당시의 경복궁은 몇 가지 측면에서 왕권이 강화되기 전, 유신들이 추구하던 재상 중심의 정치 운영에 적합하도록 설계되었음을 알 수 있다. 곧 전체 규모가 천 칸에도 훨씬 못미치는 390여 칸에 불과한 점, 왕과 왕비 등 왕실 가족의 전유 공간인 연조에 3채의 침전만 있을 뿐 시설이 지극히 빈약한 점, 반면에 중추원, 삼군부 등을 궐 안에 배치한 점, 궁성 안에서 행해지는 일을 보좌하기 위한 최소한의 부서로서 상의원, 사옹방, 상서사, 승지방, 내시다방 등만을 둔 점 등이 주목된다.

태종, 세종대를 거치면서 점차로 정치가 안정되고 권력이 왕에게로 집중되면서 경복궁 내부에는 건축상 많은 변화가 일어나며, 경복궁 동쪽 종묘 옆에는 이궁인 창덕궁까지 생긴다. 곧 태종 때에는 경회루를 짓고 주변에 못을 파서 군신(君臣)의 연회 장소를 마련하

103쪽 사진

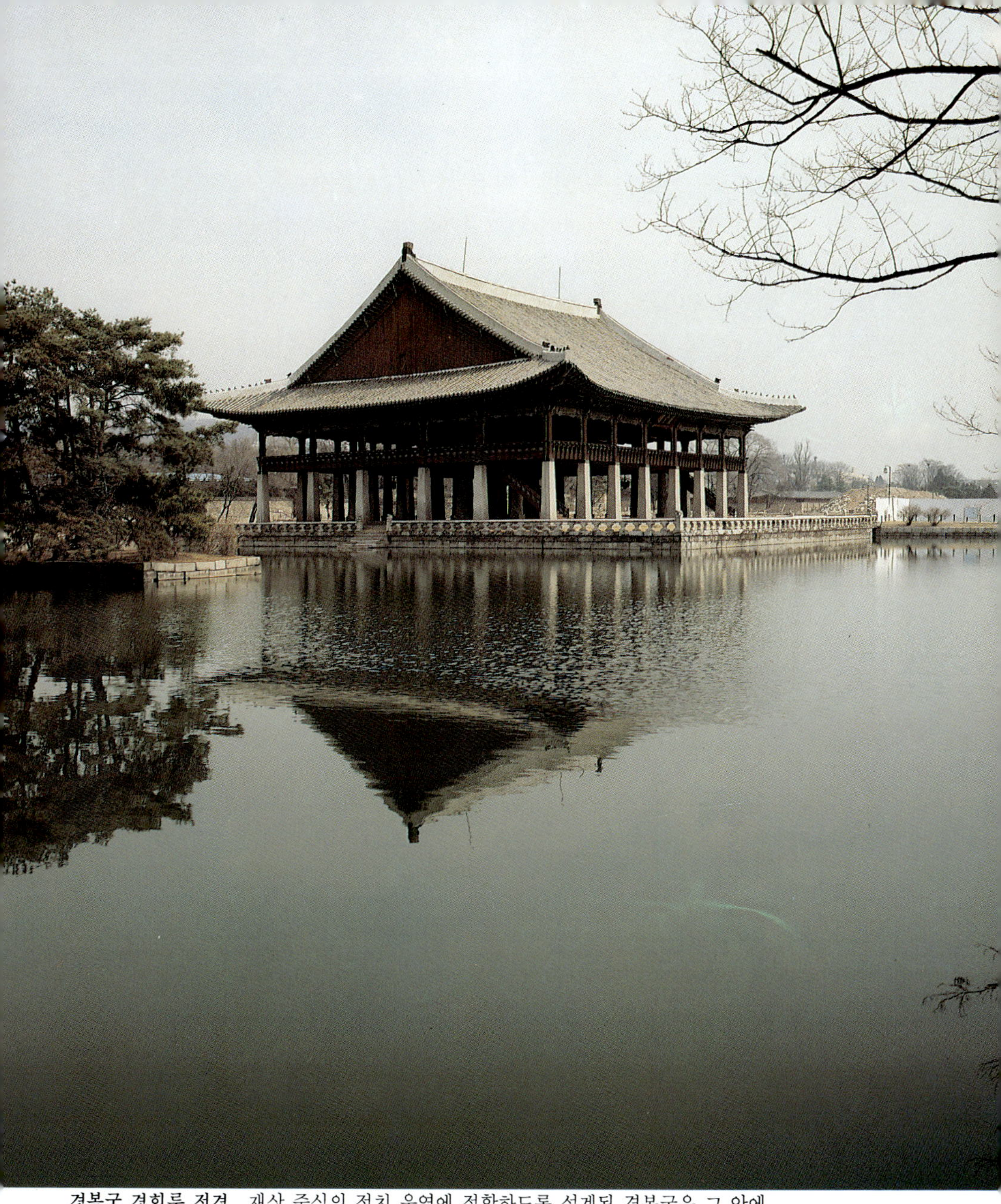

**경복궁 경회루 전경**   재상 중심의 정치 운영에 적합하도록 설계된 경복궁은 그 안에 경회루를 짓고 주변에 못을 파서 군신의 연회 장소를 마련하였다.

였고 세종 때에는 동궁, 후궁(後宮), 혼전(魂殿), 학문 연구 기관 및 후원(後苑)까지 완비하여 이른바 ‘법궁 체제(法宮體制)’를 완성하였다. 또 주요 전각뿐만 아니라 문에도 고유한 이름이 붙여진다.

편전인 사정전(思政殿; 창건 때는 보평청) 좌우에 만춘전(萬春殿), 천추전(千秋殿)을 더 지었고, 연침인 강녕전 일곽 뒤쪽에 새로 교태전(交泰殿), 함원전(含元殿)을 비롯하여 자미당(紫薇堂), 인지당(麟趾堂), 청연루(淸燕樓), 종회당(宗會堂), 송백당(松栢堂) 등 후궁을 지었다. 동궁은 세자가 백관의 조회를 받는 계조당(繼照堂)과 서연(書筵) 및 시강(侍講)을 받는 자선당(資善堂) 등으로 구성되어 있었다. 또 후원에는 못을 파고 주변에 나무를 심었으며 취로정(翠露亭) 등 정자를 세웠다.

태조 때 창건한 경복궁은 세종 때에 이르러 비로소 왕궁다운 궁궐이 되었으며 이후 100여 년 뒤인 명종 8년(1553)까지는 거듭 발전하여 조선 전기에 이룩된 궁정 문화를 총체적으로 담고 있었다. 그러나 명종 8년의 화재로 정전, 편전 일곽을 제외한 내전 일곽이 모두 불에 타 이듬해에 대대적으로 중건하였으나 그것마저 임진왜란 때 완전히 소실되었다.

105쪽 사진 한편 태종 5년(1405)에 이궁으로 세워진 창덕궁은 처음에 외전 74칸, 내전 118칸 규모로 지어졌으나 이후에 광연루, 진선문, 금천교, 돈화문(정문), 집현전, 장서각 등이 증설되어 때로는 왕이 경복궁 대신 창덕궁으로 옮겨 거처하면서 정치를 행하기도 하였다. 창건 당시에는 정침청(正寢廳), 동서 침전(東西寢殿), 수라간(水剌間), 사옹방, 탕자세수간(湯子洗手間) 등 내전을 비롯하여 편전, 보평청, 정전, 승정원청 등이 있었다고 한다. 경복궁 관련 기사에서 보평청을 내전에 넣었던 것과 달리 여기서는 편전, 정전과 한 구역으로 묶고 있다.

106, 107쪽 사진 창덕궁 옆에는 옛 수강궁(壽康宮 ; 태종이 세종에게 선위한 뒤에

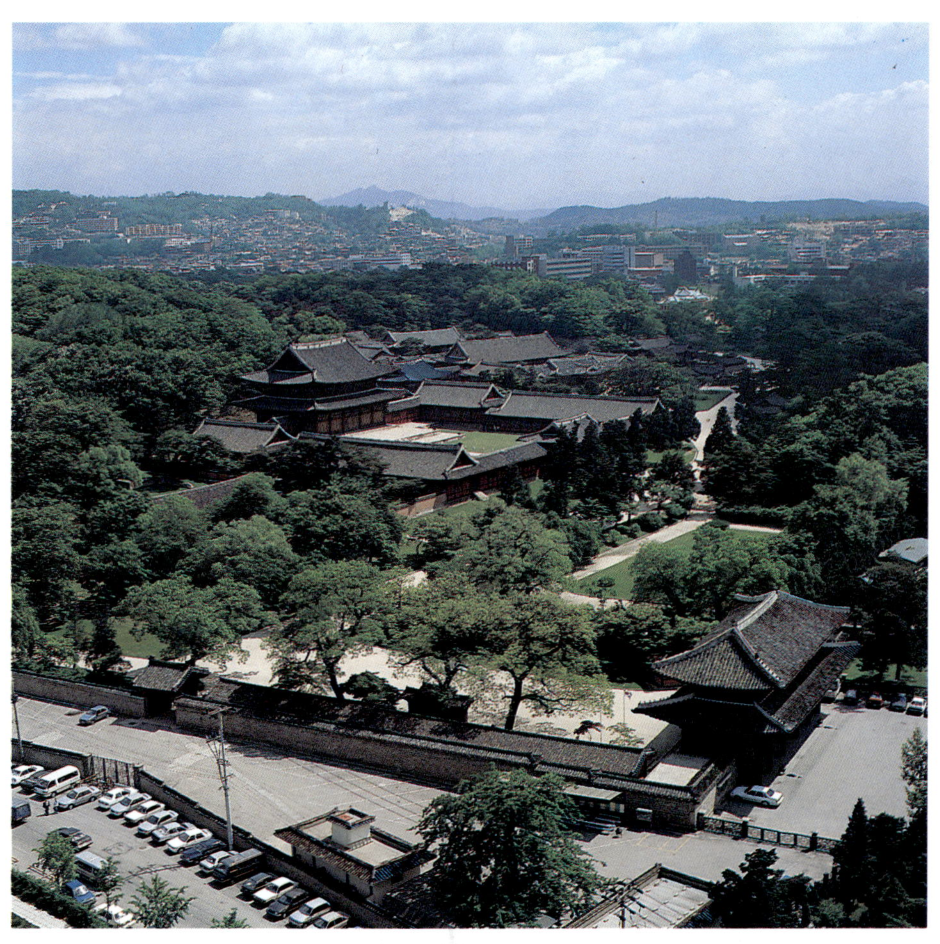

**창덕궁 전경**  정치가 안정되고 권력이 왕에게로 집중되면서 경복궁 동쪽에 정궁이 아닌 이궁으로서 창덕궁이 건립된다. 태종 5년(1405)에 세워진 이 궁은 처음에 외전 74칸, 내전 118칸 규모였으나 증설되어 때로는 왕이 이곳으로 옮겨 거처하면서 정치를 행하기도 하였다.

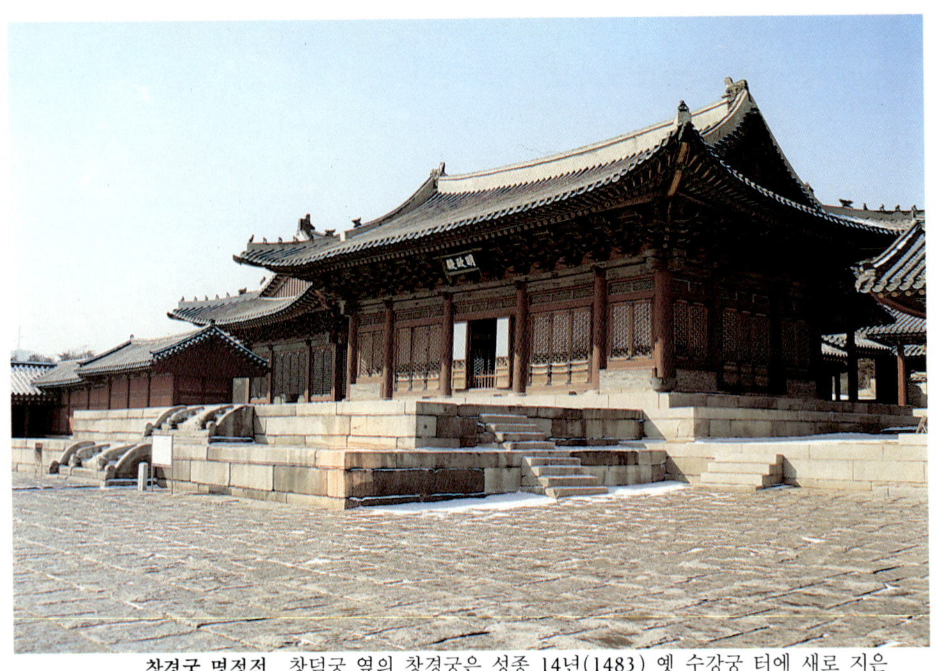

**창경궁 명정전**　창덕궁 옆의 창경궁은 성종 14년(1483) 옛 수강궁 터에 새로 지은 것이다. 이 궁은 대비들을 위해 지은 것으로 일종의 대비궁인 셈이 된다. 그래서 경복궁과 창덕궁이 남향으로 배치된 것과는 달리 동향으로 배치되어 있다. 창경궁의 정전인 명정전이다.

거처하던 궁, 1419년 창건) 터에 성종 14년(1483)에 창건된 창경궁이 있다. 성종은 왕실의 어른으로서 정희왕후(세조비이자 성종의 할머니), 소혜왕후(덕종비이며 성종의 어머니), 안순왕후(예종비이며 성종의 작은어머니)와 창덕궁에서 함께 거처하였는데 이들을 위하여 따로 궁궐을 지어 창경궁이라 하였다. 일종의 대비궁(大妃宮)인 셈이다. 그래서 경복궁과 창덕궁이 남향으로 배치된 것과는 달리 창경궁은 동향으로 배치되어 있다. 창경궁에는 정전인 명정전(明政殿)과 편전인 문정전(文政殿)을 비롯하여 인양전, 경춘전, 통명

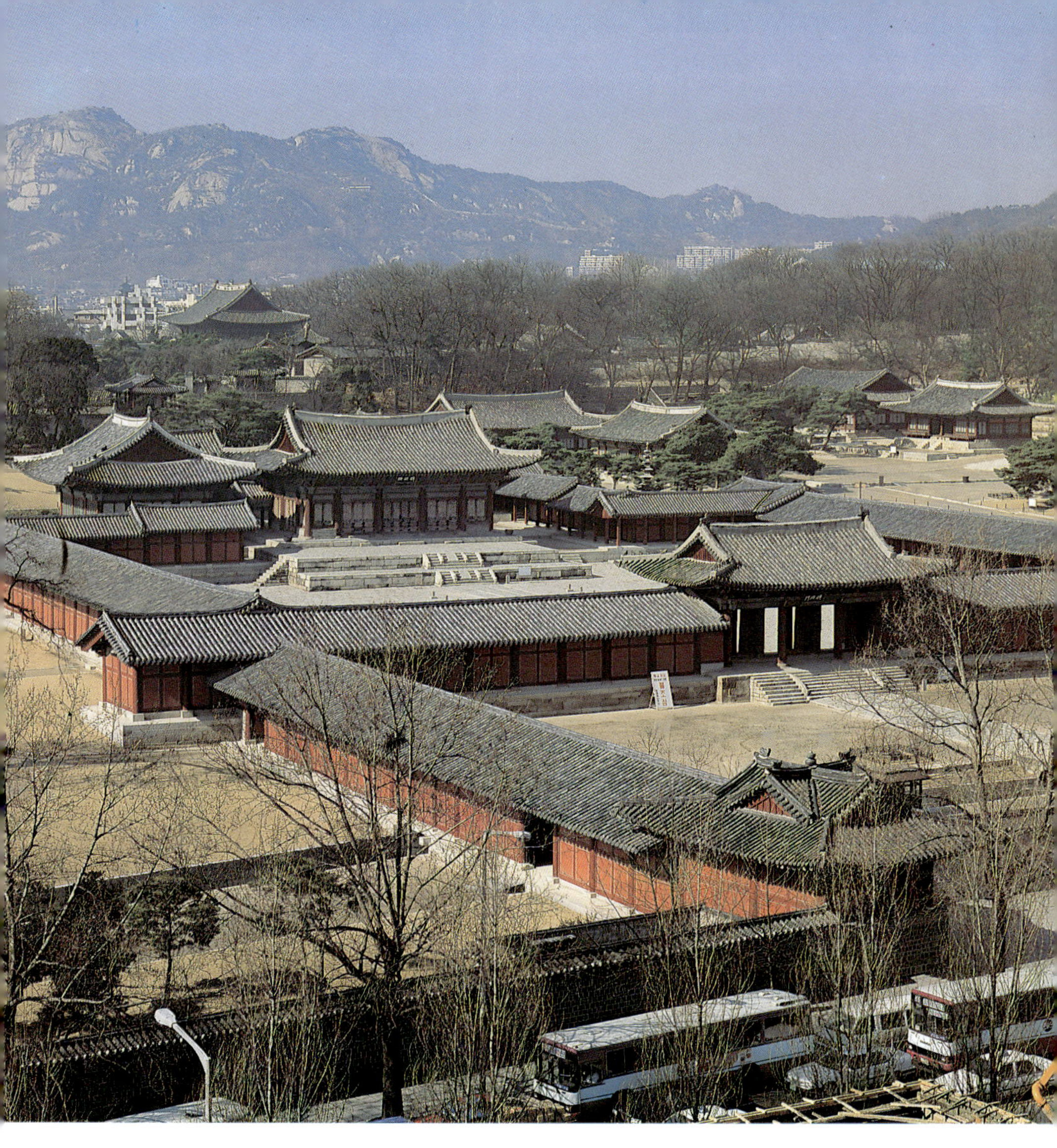

**창경궁 전경**　창경궁과 창덕궁은 경복궁의 동쪽에 있으므로 합하여 동궐이라 불렀다. 이들 궁궐은 정궁인 경복궁과 함께 임진왜란 때 모두 소실되었다가 창경궁은 광해군 때인 1615년에 중건된다. 그러나 1830년에 다시 화재로 소실되었다가 몇 차례의 중건과 소실을 거치면서 지속되다가 1985년에 새로이 정비되었다.

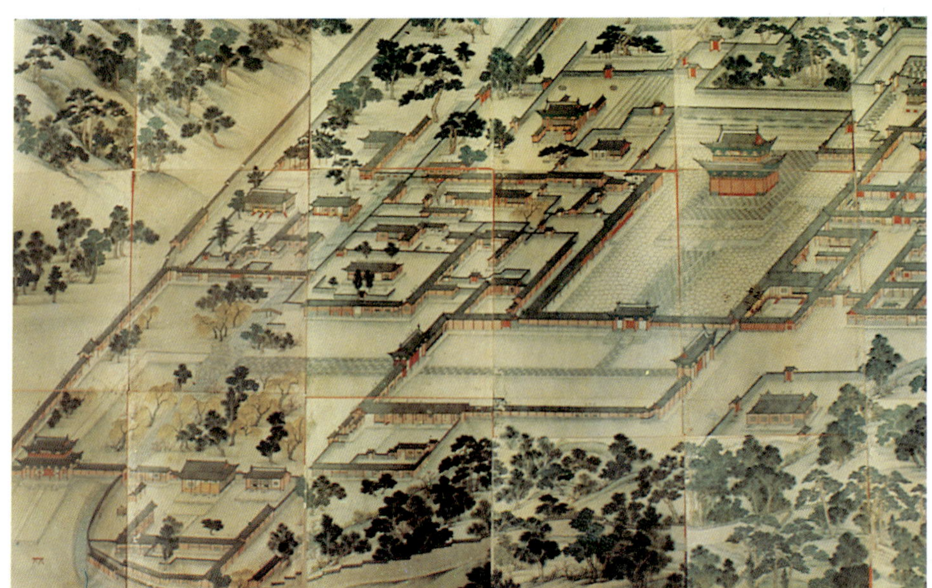

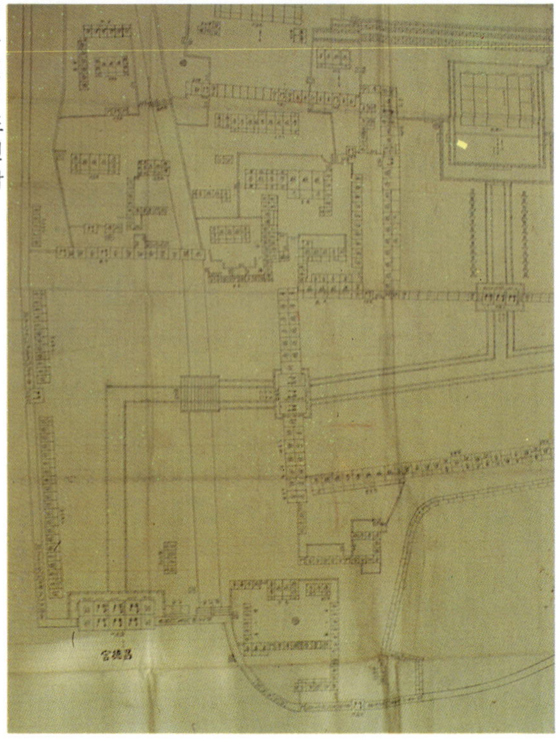

**동궐도**  1830년대의 화재로 소실되기 직전의 궁궐 전체를 한눈에 내려다볼 수 있도록 그린 것으로 창덕궁 인정전 일곽이다. 고려대학교 박물관 소장(위)

**동궐도형**  창덕궁과 창경궁의 평면 배치도로 1900년대에 제작된 것으로 추정된다. 인정전 일곽의 평면도이다. 장서각 소장.(오른쪽)

전, 양화당, 여휘당, 환경전, 수녕전, 환취정 등 많은 내전 건물이
있었으나 역시 임진왜란 때 모두 소실되었다.

조선 전기 정치 활동의 주무대이자 역사의 현장이며 궁정 문화의
결정체였던 3궁궐은 북궐(北闕;경복궁), 동궐(東闕;창덕궁과 창경
궁은 한 궁성 안에 있었으므로 합쳐서 하나의 궁궐로 부름) 등으로
불렸으나 임진왜란으로 인하여 모두 흔적도 없이 불타 버렸다. 이때
소실되기 직전의 경복궁 곧 200여 년 동안 조선 왕조의 정궁으로
발전되어 온 경복궁은 어떠한 모습이었을까. 명종 15년(1560)에
그렸다는 '한양 궁궐도(漢陽宮闕圖)'가 남아 있다면 당시의 한양
도성과 궁궐의 모습을 구체적으로 알 수 있겠지만 이 그림 역시
임진왜란 때 소실되고 말았다. 현재로서는 가장 구체적으로 경복궁
의 배치 현황을 전해 주는 '경복궁도'와 '경복궁 지도'만이 국립중앙
도서관에 소중하게 보관되어 있을 뿐이다.


# 조선 후기


조선 전기에 이룩된 높은 수준의 문화적 성과들은 대규모 침략
전쟁인 임진왜란으로 거의 다 파괴되고 소멸되었다. 정치적, 경제적
으로 입은 타격도 대단히 심각한 것이어서 외형적으로나마 이를
회복하는 데에 반 세기 이상의 시간이 걸렸으며 전란으로 입은 피해
를 극복하고 새로운 문화를 형성하는 단계에 이르는 데 1세기가
걸렸다. 궁궐 및 도성도 예외는 아니어서 경복궁, 창덕궁, 창경궁
등 궁궐을 비롯하여 도성 안의 제반 도시 시설이 모두 잿더미가
되었다. 피난처에서 돌아온 선조 임금은 정릉동의 월산대군(성종의
형) 집에 임시로 거처를 정해야 할 정도였다.

왕을 비롯한 집권 지배층은 국내적으로는 전란으로 입은 피해를

복구하고 황무지로 변한 농토를 개간하여 국가의 재정적 기반을 마련함으로써 백성들의 삶을 안정시켜야만 하였다. 또 대외적으로는 압록강 이북에서 새로 일어난 후금(後金;1616년에 나라 이름을 淸으로 바꾸고 1662년에 明을 멸망시켜 중국 전체를 차지한 나라)과의 정치적, 군사적 마찰을 외교적으로 극복해야 했다. 이렇듯 국내 외적으로 어려운 위기 상황에서도 종묘와 왕의 거처인 궁궐은 가장 먼저 재건되어야 할 목표로 생각되었다.

종묘와 경복궁을 재건하기 위하여 선조 38년(1605)부터 진행된 중건 계획은 다음 순서로 진행되었다. 첫째, 춘추관(春秋館)에서 건국 초기와 성종 때의 공사 및 명종 8년부터 9년까지의 경복궁 중건 공사 등에 관한 문서와 기록을 등서(謄書)로 묶어서 임금과 해당 관청인 공조에 보냈다. 둘째, 공사를 담당할 기구로서 영건도감(營建都監)을 설치하고, 등서를 참고하여 구체적인 계획을 입안하였다. 그리하여 1606년에는 궁핍한 재정과 민생고를 감안하여 경복궁의 중심 일곽만을 먼저 짓기로 결정하였다. 그러나 1608년까지 종묘만을 중건하였을 뿐 경복궁 중건은 실현시키지 못했다. 그 대신 창덕궁 재건 공사를 시작하여 1609년(광해군 1)에 준공하였다. 경복궁에 대해서는 이후 여러 차례 중건 논의가 있었으나 실행되지 못하다가 1865년(고종 2)에야 흥선 대원군에 의하여 중건이 시도되었다. 곧 지금의 경복궁은 임진왜란으로 불탄 지 270여 년 뒤에 세워진 것이다. 그러므로 조선 후기에 경복궁을 대신하여 정궁 역할을 한 것은 창덕궁이었다.

광해군(1608~1623년)은 1608년에 재건된 창덕궁에 거처하기를 꺼려하고 다시 1615년에 창경궁을 중건하였다. 그러나 창경궁에도 들어가지 않은 채 새로 인경궁(仁慶宮)과 경덕궁(뒤에 경희궁으로 고침)을 창건하였다. 인경궁은 인왕산 아래 사직단 동쪽에 지었으나 인조 때(1623~1649년) 헐려서 창경궁과 창덕궁을 지을 때 이용되었고 지금은 그 터의 흔적마저 남아 있지 않다.

경희궁(서울 신문로 2가)은 1620년(광해군 12)에 완공되었는데 광해군은 이 궁에도 들어가지 않고 1623년까지 인경궁 창건 공사를 계속하다가 신하들의 쿠데타로 쫓겨나게 되었다. 이때 왕위에 오른 인조는 경운궁(정릉동 행궁을 궁궐로 고쳐 지은 것)에서 즉위하였는데 광해군이 지은 궁궐에는 들어가지 않다가 인조반정 때에 창덕궁이 불타고(1623년), 이괄의 난 때 창경궁마저 불타자 난이 진압된 뒤인 1624년 2월에 경희궁에 거처하게 되었다. 창건된 지 4년 만에야 왕궁으로서 빛을 보게 된 것이다. 경희궁은 이때부터 280여 년 동안 여러 왕들의 거처로서, 조선 후기 역사의 현장으로서 창덕궁과 더불어 그 웅장한 모습을 지켜오다가 1910년의 한일합방 직전부터 일본인들에 의하여 강제로 철거되기 시작하여 얼마 안 가서 완전히 소멸되고 말았다. 다만 1985년부터 1990년까지 시도된 4차례의 발굴 조사로 정전이었던 숭정전(崇政殿)의 2중 기단이 드러나게 되어 이 자리에 숭정전을 복원해 놓았다(본래의 숭정전 건물은 현재 동국대학교 안 정각원으로 사용되고 있음). 또 정문인 흥화문(興化門)도 제자리(현 구세군회관 건물 자리)는 아니지만 숭정전 남쪽(서울고등학교로 쓰일 당시 교문 자리)에 복원되어 있다.

경복궁 터는 그대로 둔 채 창덕궁은 정궁, 경희궁은 이궁으로 사용되었으며 창경궁은 창건 당시의 대비궁이라는 용도를 벗어나서 창덕궁을 옆에서 보좌하는 궁궐로서 활용되었다. 창덕궁과 창경궁이 한 궁성 안에 있어서 함께 동궐(東闕)이라고 불렸던 것에 대하여 경희궁은 서궐(西闕), 조선 왕조를 대표하는 정궁인 경복궁은 북궐(北闕)이라고 불렸다. 1865년에 경복궁이 중건되기 전까지는 동궐과 서궐이 조선 후기를 대표하는 궁궐이었기 때문에 경복궁 중건 계획을 세우고 건물을 설계할 때에 동궐과 서궐이 많이 참조되었

113쪽 사진

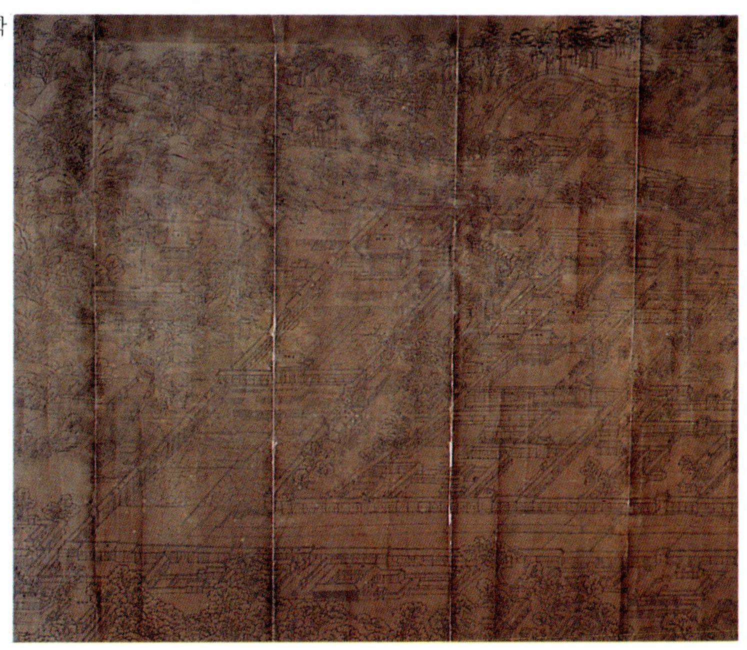



다. 다만 이때의 동궐과 서궐의 건물은 대부분 1830년에 중건된 것이었고, 이때 건설 공사에 참여했던 기술자들 가운데에는 1865년 이후의 경복궁 중건 공사에 참여한 사람들도 있다.

궁궐 안의 건물들은 해당 관청의 철저한 관리와 보호를 받았으므로 때맞추어 수리되었다. 또 왕들은 저마다 새로운 건물을 첨가하면서 궁궐의 면모를 부분적으로나마 새롭게 바꾸려고 노력하였다. 그 결과 동궐과 서궐은 각각 수천 칸 규모로서 100여 채의 복잡, 다양한 건물을 갖춘 대궐(大闕)로 발전하였다.

19세기 초까지 꾸준하게 발전해 온 동궐과 서궐은 1829년 서궐의 화재를 시작으로 창경궁(1830년), 창덕궁(1833년)이 차례로 대규모 화재를 당하여 정전, 편전, 침전 등 중요 부분이 불탄다. 임진왜란 이후 선조, 광해군, 인조대를 거치면서 재건된 궁궐이 또 200여

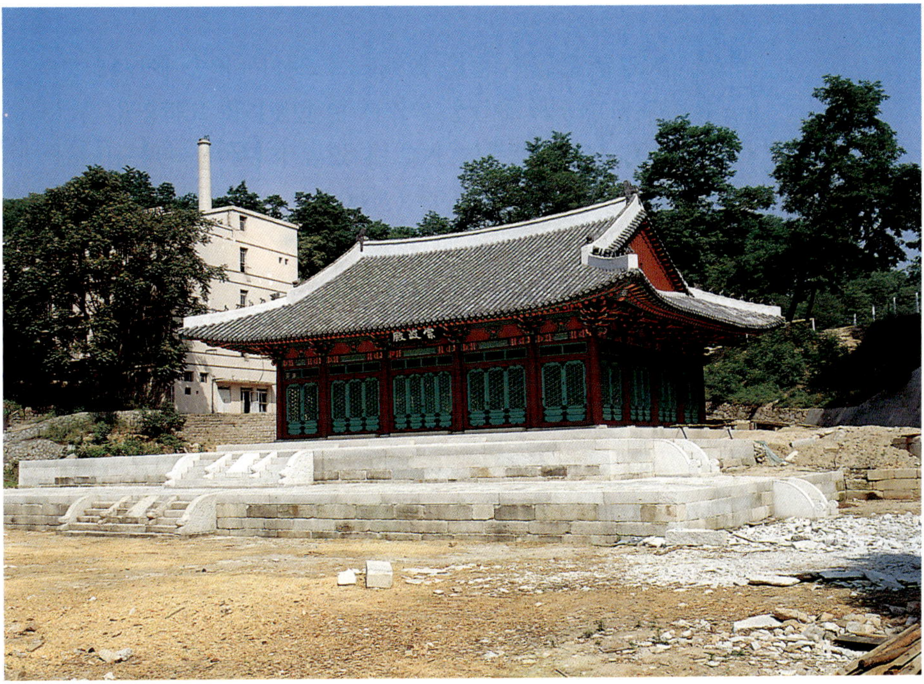

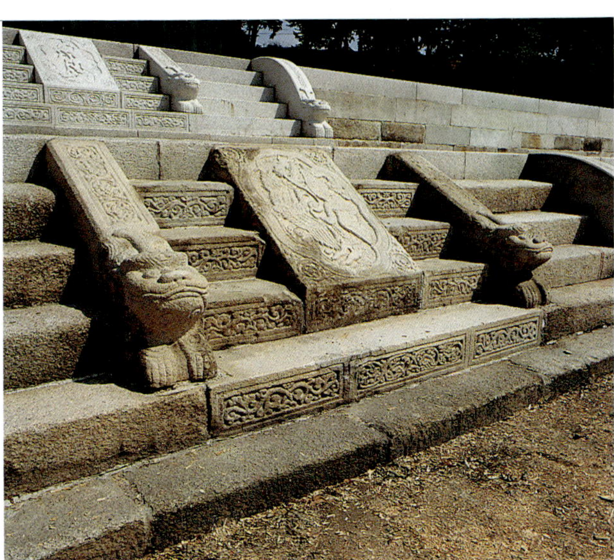



경희궁 숭정전  광해군 때 완성된 경희궁은 창건된 지 4년이 지난 뒤에야 왕궁으로서 빛을 보게 된다. 경희궁의 정전이었던 숭정전의 복원된 모습이다.(위)

숭정전의 2중 기단  일본인들에게 강제 철거된 경희궁을 1985년부터 4차례의 발굴 조사를 했다. 이때 드러난 숭정전의 2중 기단 모습이다.(왼쪽)

년 만에 한꺼번에 소실된 것이다. 이때 중건된 궁궐에 대해서는
공사 보고서격인 「영건도감의궤(營建都監儀軌)」가 있고 또 소실되
기 직전의 궁궐 전체를 한눈에 내려다볼 수 있도록 그린 '동궐도'
(동아대학교 박물관 및 고려대학교 박물관 소장)와 '서궐도안(西闕
圖案)'(고려대학교 박물관 소장)이 남아 있어서 당시 궁궐의 모습을
실감나게 전해 준다. 게다가 「궁궐지(宮闕誌)」라는 문헌도 이 무렵
에 만들어졌는데 조선시대의 궁궐에 대한 사료들을 집대성하여
궁궐 안 건물들의 연혁과 성격, 왕과 왕비가 출생한 곳과 사망한
곳을 쉽게 파악하도록 하였다. 아마도 궁궐 전체가 연속적으로 불에
타자 위기 의식을 느낀 왕과 집권 관료들이 모든 수단을 동원하여
역대 왕들의 발자취가 남아 있는 궁궐의 전모를 기록하여 후세에
전하려 하였던 것같다.

　　조선 후기의 궁궐 건축사에서 가장 중요한 사건은 경복궁의 중건
이었다. 임진왜란 때 소실된 뒤 270여 년 동안 아무도 실행에 옮기
지 못한 경복궁 중건은 흥선 대원군에 의하여 마침내 시도되었다.
그는 순조, 헌종, 철종대(1800~1863년)의 이른바 세도 정치기를
거치면서 땅에 떨어진 왕실의 권위를 회복하고, 궁극적으로는 조선
왕조를 부흥시키는 방편의 하나로 경복궁 중건이라는 역사적 과업
을 수행하였다. 그러나 이 시기에는 이미 왕조라는 봉건 체제가
해체되고 있었다. 특히 양반 관료층이 극도로 부패한 상황에서 대다
수 농민들은 최후의 수단으로 반란을 일으키거나 도적이 되어야
할 만큼 조선 사회는 뿌리까지 흔들리고 있었다. 왕조 사회의 해체
가 이미 크게 진전된 시기에 왕권 강화를 목적으로 궁궐 중건을
대대적으로 시도한 것은 시대 착오였음이 분명하다. 그런 의미에서
중건된 경복궁은 조선 왕조의 마지막 기념비이다.

　　1865년(고종 2) 4월부터 시작된 공사는 2년 7개월 만인 1867
년 11월에 대체로 끝난다. 그러나 1872년까지는 마무리 공사가

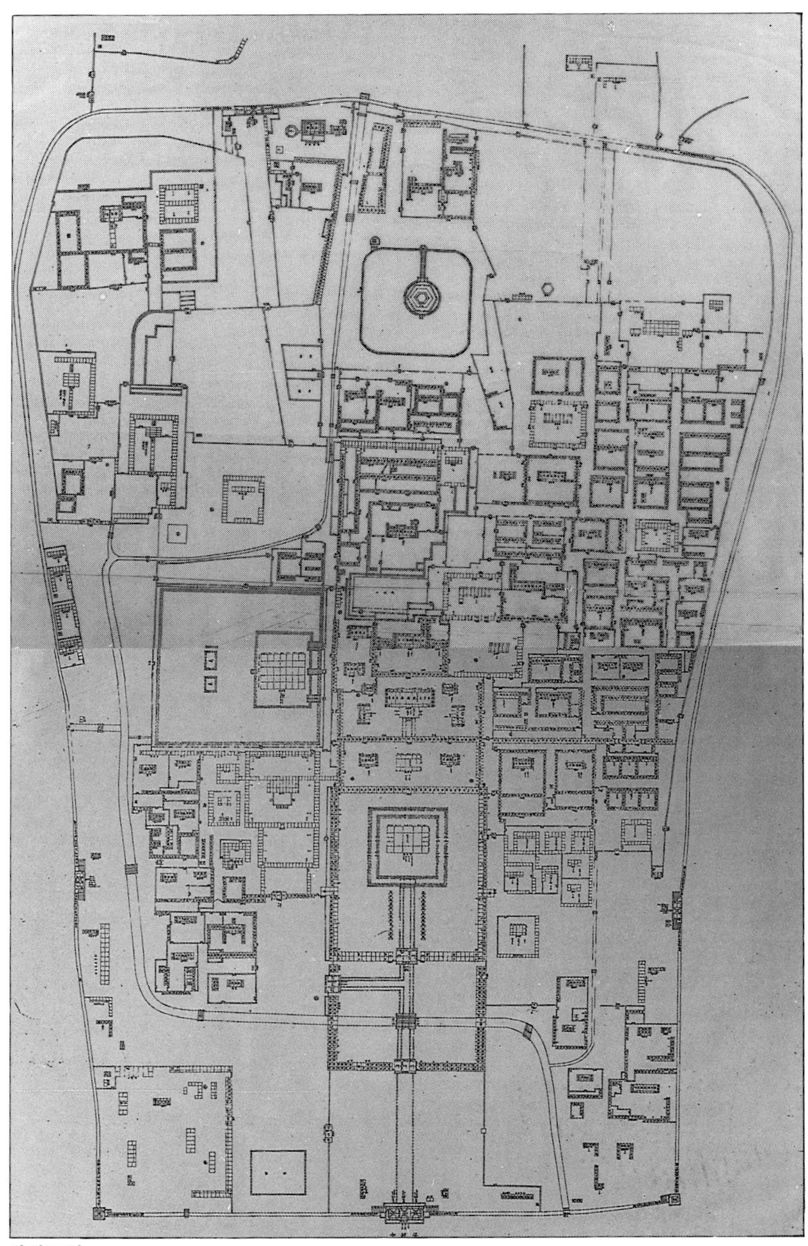

북궐도형

계속되었으며 이 해 9월에 영건도감이 해체됨으로써 중건 공사가 완료되었다. 8년 동안의 공사에 투입된 돈이 773만 6,898냥에 이르렀는데 공사비 거의 전부를 원납전(原納錢)이라는 이름으로 모금하거나 반강제적으로 징수하였기 때문에 백성의 고통은 아주 컸다. 이때 이루어진 궁궐은 궁성의 둘레가 1,813보, 높이가 20여 자이며 건물의 총 칸수는 7,481칸에 이르고 행각이나 장랑(長廊)을 제외한 단독 건물만도 150여 채가 넘는 방대한 규모의 궁궐이었다. 그 뒤 경복궁은 1873년과 1876년 두 차례 일부 화재를 당하기도 하였다. 한편 1873년에는 향원정과 신무문(北門) 사이에 건청궁(乾淸宮)이라는 후궁을 지었고 1888년에는 대규모의 중건 공사를 시행하였으며 1893년에는 신무문 밖 후원에 경농재(慶農齋)와 대유헌(大有軒)을 지었다.

이렇듯 어려운 시기에 백성들의 노역과 재물로 건설된 경복궁은 왕조 부흥의 터전이 되지 못한 채 일본에게 나라를 빼앗기는 비운을 맛본 뒤 처참하게 파괴, 변형, 왜곡되었다. 식민 통치의 주범들은 그들의 본거지인 조선총독부 청사를 바로 경복궁 정전인 근정전 앞에 세웠다. 왕의 침전, 왕비의 침전은 헐려서 창덕궁을 짓는 데 사용되었고 정전 일곽 주변 사방에 빽빽이 들어차 있던 수많은 건물들은 모두 헐렸다. 현재는 10여 채의 건물과 근정전 주변 행각 및 궁성만이 가까스로 보존되어 있다. 또 경복궁 안의 여러 곳에는 일제 침략기 이후에 세워진 많은 건물들이 들어서 있어서 제모습을 완전히 상실하고 있다.

삼국시대 이래 약 2000년 동안 지속된 왕조 사회의 대표적인 문화 유산은 왕도와 왕궁이다. 그 가운데 경복궁은 바로 2000년 궁궐 건축사의 마지막 기념비이자 결정판이라고 할 수 있다. 원형대로 복원하여 후손에게 올바르게 전달할 수 있는 방법을 찾아야 한다. 궁궐의 복원은 단시일 안에 이루어지기 어렵다. 재정적으로 막대

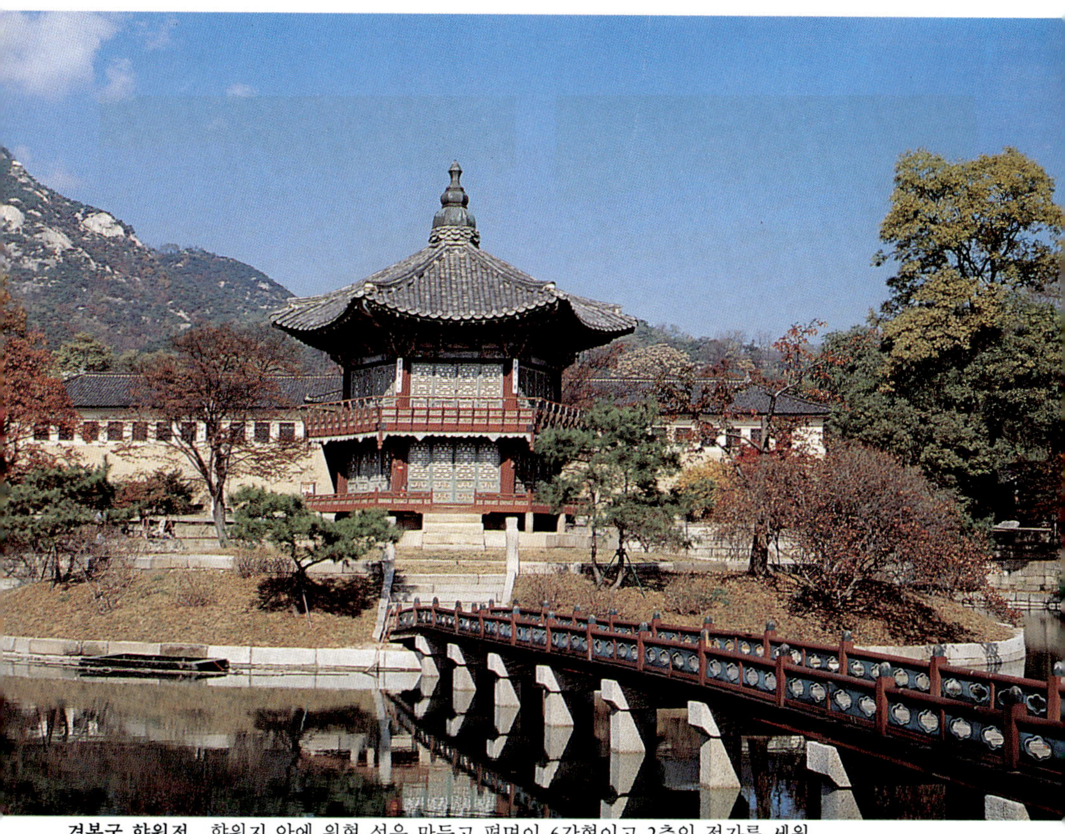

**경복궁 향원정**　향원지 안에 원형 섬을 만들고 평면이 6각형이고 2층인 정자를 세웠다. 경복궁 중건 때 지은 이 정자는 목조 다리와 더불어 공예적인 의장을 갖추고 있다.

한 비용이 들 뿐만 아니라 궁궐 건축의 중요도에 비추어 정밀한 발굴, 복원 작업이 선행되어야 하기 때문이다. 경복궁의 복원에 결정적인 단서가 되는 자료로는 고종 때 간행된 「궁궐지」, '북궐도형' '북궐후원도형' 등과 의궤에 실린 '의궤도' 등이 있다. 또 일제 침략기에 찍은 사진을 모아 놓은 「조선고적도보」가 있다. 115쪽 사진

　2000년 궁궐 건축사의 결정판이라고까지 한 중건 경복궁의 구체적인 특징은 무엇인가?

첫째, 창건 초기 및 임진왜란 직전의 경복궁보다 궁성의 규모나 주요 건물의 크기가 확대되었다.

둘째, 편전인 사정전 일곽의 건물 곧 만춘전, 사정전, 천추전이 나란히 남쪽을 향하도록 배치되었으며 왕의 침전인 강녕전은 주위에 연길당, 응지당 등 2채의 건물이 첨가되어 모두 5채의 건물로 구성되어 있다.

셋째, 궁성 동북부가 크게 확장되고 수많은 건물이 밀집 배치되었으며 서북부에는 서너 곳에 내전이 배치되었다.

넷째, 홍례문에서부터 왕비의 침전인 교태전까지는 3문 3조 형식을 따르되 정전과 편전으로 구성되는 치조를 2개의 공간으로 구분하였고 연조도 왕의 침전과 왕비의 침전을 2개의 공간으로 나누어 앞뒤로 배치하는 형식을 택하고 있다. 곧 실제로는 5개의 공간으로 나누었으나 원리적으로는 3조를 따르고 있다. 이 궁궐 핵심부의 배치는 남북 중심축 위에 중요 건물을 배치하고 그 좌우에 부속 건물을 대칭으로 배치한 다음 전체를 행각으로 둘러 폐쇄적이고 독립적인 공간을 형성한다는 원칙에 충실하였다.

다섯째, 핵심부 주변의 건물 배치는 남북축과 동서축이 이루는 직교 좌표에 맞추어 이루어졌는데, 건물 하나하나의 형태에는 복합 사각형, 육각형, 팔각형 등을 다양하게 응용하고 있다.

여섯째, 근정전에서 교태전에 이르는 건물 배치는 태극도설(太極圖說) 및 천문도(天文圖)의 5제좌(五帝座)를 응용한 것이다. 다시 말해서 교태전의 '교태'는 태극을 뜻하여 음과 양이 결합하여 새로운 생명을 잉태하는 곳인 왕비의 침전에 어울리는 이름이다. 교태전의 정문이 음양을 뜻하는 양의문(兩儀門)인 것도 그 때문이다. 또 음과 양이 우주 만물을 이루는 기본 구조라면, 오행(五行;金, 木, 水, 火, 土)은 기본 구성 요소이다. 그러므로 음양 다음에 오행을 배치하는데 강녕전을 비롯한 5채의 건물은 오행을 상징한 것이며 강녕전의 정문 이름이 향오문(嚮五門)인 것도 그 때문이다. 다만 강녕전 일곽의 5채와 그 남쪽 사정전 일곽의 3채를 합하여 8괘를 상징한 것으로 해석할 수도 있다. 천문도의 별자리와 관련지어 보면 근정전은 북극성(천체 운행의 중심으로 인간 사회의 왕에 비유됨), 사정전 일곽의 3채는 3광(三光), 강녕전 등 5채는 5제좌에 대비해 볼 수 있다. 하늘의 별자리와 인간 사회를 유추해 온 사고 방식이 궁궐 건축의 배치에 적용된 예로 볼 수 있다.

이상으로 중건 경복궁의 배치에서 보이는 형식상의 특징을 정리하고 의미론적 해석을 덧붙여 보았다.

경복궁의 중건 이후에도 경운궁(慶運宮) 중건이 2차례나 시행되었다. 경운궁은 임진왜란 직후에 잠시 동안 궁궐로 사용되다가 창덕궁 및 창경궁이 중건된 뒤에는 더 이상 왕의 거처로 쓰이지 않았는데, 20세기 초에 와서 다시 중요한 궁궐로 부각되었다. 왜냐하면 경복궁 안에까지 일본인들이 침입하여 왕비를 살해한 사태에 처하게 되자, 당시 주변의 외국 공사관들이 밀집해 있던 경운궁으로 왕실이 피신하기 위하여 대규모 건축 공사를 벌여 왕궁다운 궁궐로 변모시켰기 때문이다. 그 결과 경운궁은 전통적인 궁궐 제도에 입각한 배치 형식을 취하면서도, 정전의 주변부에 서양식 궁전 건물과 정원을 갖춘 독특한 궁궐 건축으로 만들어졌다. 경운궁에 이르러 한국의 궁궐 건축은 동양의 문화와 서양의 문화가 절충된 형식으로 급격히 변모하게 되었다. 이후 외세의 개입이 심화되고 일본의 침략이 노골화되면서 한국의 건축도 일본화, 서양화의 길로 치닫게 된다. 일본에 의하여 왕위에서 강제로 쫓겨난 고종은 이 경운궁의 이름을 덕수궁으로 바꾸고 여기서 남은 생애를 울분 속에서 보냈다. 덕수궁이란 이름은 경복궁이나 창덕궁처럼 고유 명사가 아니며 왕위를 물려 준 상왕(上王)이 거처하던 궁을 가리키는 말로 사용되는 보통 명사이다.

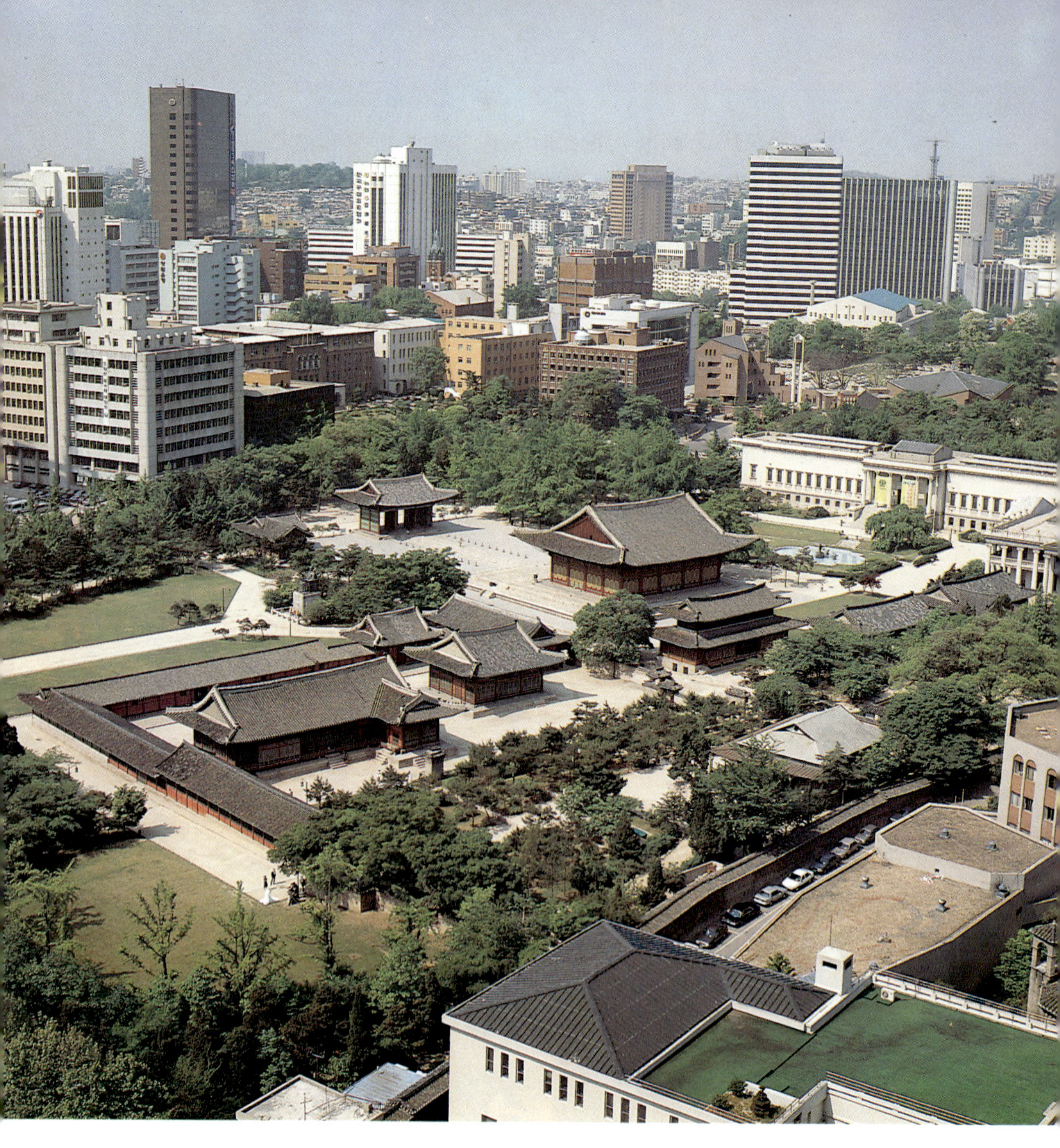

**덕수궁 전경**  덕수궁의 옛 이름은 경운궁이다. 경운궁은 임진왜란 직후에 잠시 동안 궁궐로 사용되다가 창덕궁 및 창경궁이 중건된 뒤에는 더 이상 왕의 거처로 쓰이지 않았는데, 20세기 초에 와서 다시 중요한 궁궐로 부각되었다. 경운궁에 이르러 한국의 궁궐 건축은 동양의 문화와 서양의 문화가 절충된 형식으로 급격히 변모하게 되었다.

조선시대에는 삼국시대 이래 고려로 계승되어 온 궁궐 건축사의 전통을 계승하는 한편 성리학을 통하여 들어온 제도와 사상을 전통에 융합시켜 새로운 형식의 궁궐 건축을 창조하였다. 경복궁이 조선 궁궐의 기본형이라면 창덕궁과 경희궁, 창경궁 등은 변형으로 이해된다. 특히 창덕궁은 산과 골짜기의 형세를 잘 이용하여 이른바 한국적인 건축과 정원을 성취하였다. 조선시대에 다양한 형식으로 꽃핀 궁궐 건축은 지금은 제모습을 잃고 있다. 경복궁이 복원되고 창덕궁과 창경궁이 원래의 모습을 되찾으며 경희궁이 웅장한 모습으로 되살아난다면 우리가 지닌 민족 문화의 전통은 궁궐 건축을 통해서도 그 다양성과 풍부함이 입증될 것이다.

조선의 도성은 궁성과 외성으로만 이루어져 있으며 내성이나 황성을 두지 않았다. 도성의 방어뿐 아니라 국가의 방위에 자신이 있던 시절에는 문제될 것이 없었다. 그러나 임진왜란과 병자호란을 겪으면서 남한산성(1624년)과 북한산성(1712년) 및 수원성(華城, 1794년)을 쌓아 도성을 외호(外護)할 필요가 생겼으며, 심지어는 강화도나 교하(交河)로 천도하려는 논의조차 일어났다. 그럼에도 불구하고 조선의 수도는 옮겨지지 않았으며 도성 안에 여러 군데 궁궐을 짓는 선에서 도읍의 재편성이 이루어졌을 뿐이다. 조선 후기의 후반기인 18세기 이후에는 상공업의 발달로 도시 인구가 증가하고 시가지도 번화하게 되었는데 이때의 사정을 시로 읊은 것이 유명한 '성시전도(城市全圖)'이다.

19세기에는 우리 문화 전반에 대한 자각이 일반화되어 한성의 도성과 궁궐 및 여러 사적을 자세히 기록한 유본예의 「한경지략(漢京識略)」(1830년)이 저술되었고, 더불어 고려의 수도였던 개경에 대하여 「고려고도징(高麗古都徵)」이라는 책이 한재렴에 의하여 저술되어 1850년 무렵에 간행되기도 하였다. 도성 전체의 지도인 '수선전도(首善全圖)'도 이 시기에 그려진 것이다.

122쪽 사진

123쪽 사진

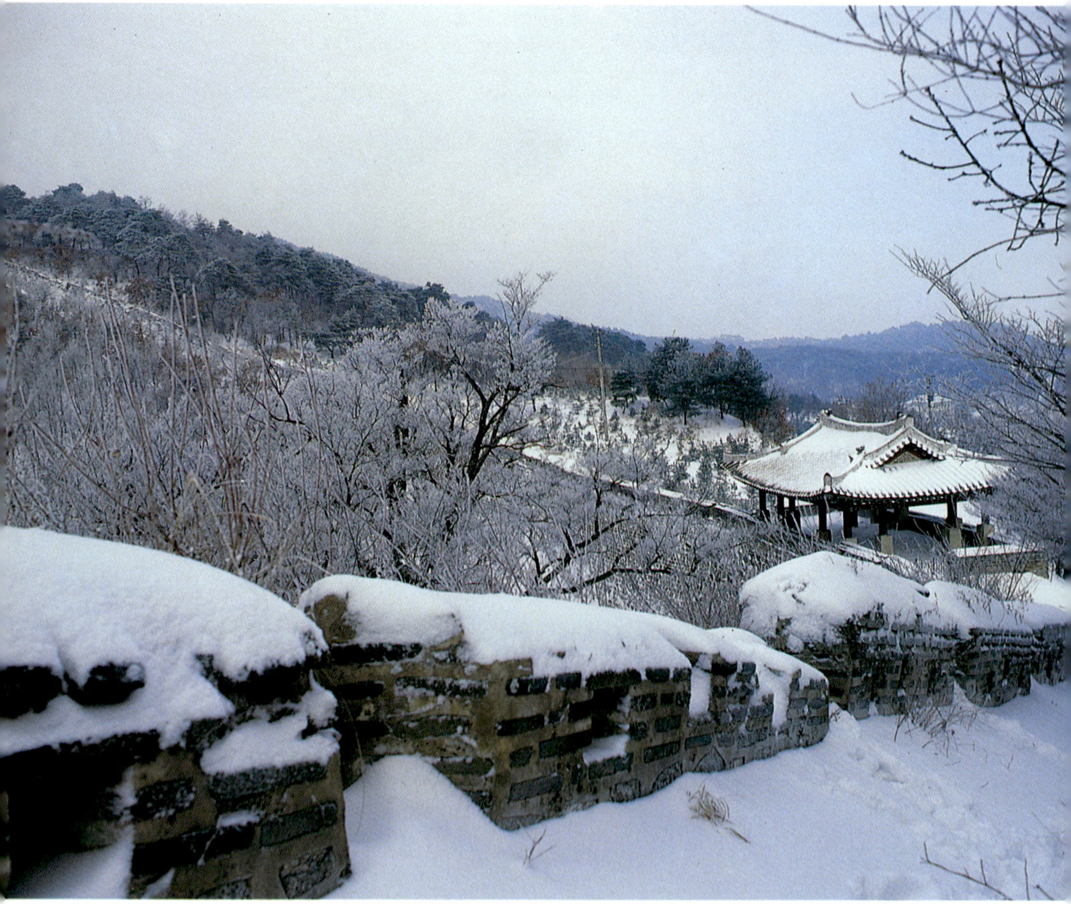

**남한산성** 조선의 도성은 궁성과 외성으로만 이루어져 있으며 내성이나 황성을 두지 않았다. 도성의 방어뿐 아니라 국가의 방위에 자신이 있던 시절에는 문제될 것이 없었다. 그러나 임진왜란과 병자호란을 겪으면서 1624년에 남한산성을 쌓는 등 도성 외호에 힘을 썼다.(위)

**수선전도** 조선시대 도성 전체의 지도로 19세기에 제작되었다.(옆면)

# 圖全善首

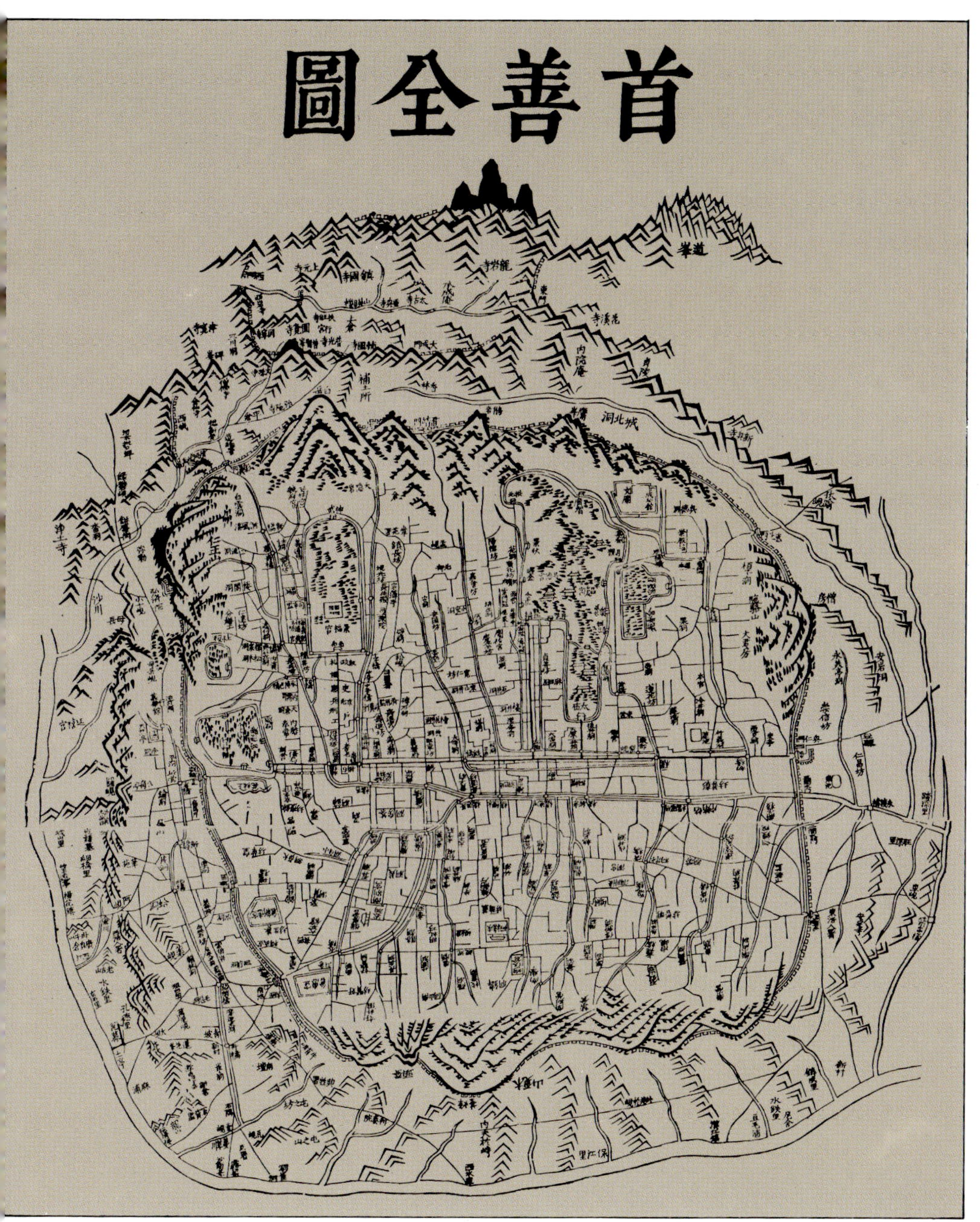

이렇듯 조선이나 고려의 도성과 궁궐에 대한 역사적 이해와 지리적 인식이 깊어지면서 이를 우리 역사 전체에까지 확대, 심화시키려는 움직임이 일어나게 되었다.

그 결과 조선 왕조가 멸망되기 직전인 1908년(순종 2)에는 우리 문화의 온갖 분야를 집대성한 「증보문헌비고」가 출간되기에 이르렀다. 그 가운데 '여지고(輿地考) 26 궁실(宮室)조'와 '여지고 13 관방 1, 성곽 1' 등에는 마한, 신라, 고구려, 백제, 고려, 조선의 도성과 궁궐이 차례대로 정리되어 있다. 물론 문헌 고증만을 토대로 정리한 것이어서 오류도 많이 발견되며 고조선이나 발해는 아예 제외시키고 있다는 약점을 안고 있다. 그러나 자기 문화를 총체적으로 집대성하고 그 토대 위에서 새로운 문화를 발전시키려는 태도는 지금도 본받을 만하다.

# 맺음말

궁궐과 도성은 새로운 왕조가 성립될 때마다 새로운 땅에 새롭게 건설되었다. 왕과 공사 담당 고위 관료 및 건축 기술자가 모여서 기본 계획을 결정하면 그 계획안대로 터를 잡고 도로를 내고 건물을 지어 도시의 뼈대를 만들었다. 궁궐, 관청가, 시가지 등이 조성되고 신분 계급에 따라 주거지가 마련되었다. 왕조 시대의 도시 계획은 늘 궁궐을 중심으로 이루어졌기 때문에 도시 안의 모든 시설의 위치는 궁궐의 위치와 상관 관계에 놓여 있다. 왕도(王都)니 궁도(宮都)니 하는 이름으로 불린 것도 그 때문이다.

식민지 시기를 겪고 해방 이후 근대화, 산업화를 거치면서 왕도는 극심하게 변모되었으며 궁궐은 중심으로서의 지위를 상실하였다. 그래서 궁궐이란 그저 아득한 과거에 왕들이 군림했던 곳으로만 인식되고 있으며 이제는 고층 건물 숲으로 이루어진 상업화된 도시의 한 모퉁이에서 휴식처를 제공하는 공원으로 받아들여지고 있는 실정이다.

궁궐의 의의는 그 현재적 역할에만 그치는 것이 아니다. 오늘이 있기까지 우리 민족 문화의 상층부를 잉태해 온 산실로서 또 한국사를 이끌어 온 주역들의 영욕이 얽혀 있는 의미로운 장소로서 궁궐은 앞으로도 잘 보존되고 소중하게 가꾸어져야 한다.

# 참고 문헌

## 한국어 저술

고경희 「안압지」 대원사, 1989.

고유섭 「松都의 古蹟」

김기웅 '고구려 산성의 특성에 관한 연구'「고고민속론집」 9, 북한고고학
술총서, 사회과학출판사, 1971.

김달수 「일본 속의 한국 문화」 조선일보사, 1986.

김동현 「궁실, 민가」 한국의 미 시리즈, 중앙일보 계간 미술.

남천우 '인왕동 왕궁(在城 혹은 半月城)의 建造時期에 대하여—婆娑王代
建造說(月城說)의 오류—'「역사학보」 제123집, 1989.

민덕식 '新羅王京의 도시 설계와 운영에 관한 고찰'「백산학보」 제33호,
1986.

———— '고구려의 中期都城'「한국사론」 19, 국사편찬위원회, 1989.

———— '신라의 경주 月城考'「동방학지」 1990. 6.

박방룡 '新羅의 都城·城址',「한국사론」 15, 국사편찬위원회, 1986.

박시형 「발해사」 이론과 실천사, 1989(1979년 북한에서 간행된 것을
다시 펴냄).

방학봉 「발해사 연구」 정음사, 1989.

서영대 '고구려 평양 천도의 동기'「한국문화」, 1981. 12.

성주탁 '한·중 고대 도성 축조에 관한 비교사적 고찰'「백제연구」 제20
집, 충남대 백제연구소, 1989.

송기호 '발해 城址의 조사 연구'「한국사론」 19, 국사펴찬위원회 1989.

신영훈 「한국 고건축 단장」上, 한국건축사대계Ⅱ, 동산문화사, 1975.

이상규 역 '新中國時期渤海考古學的進展'「백산학보」 제35호, 1988.

이종욱 '한국 초기 국가의 형성, 발전 단계'「한국사연구」 67호, 1989.

이태진 '조선 왕조의 유교 정치와 왕권'「한국사론」23, 1990.

장상렬 '발해 건축의 역사적 위치'「고고민속론집」 북한고고학술총서,
사회과학출판사, 1971.

정재훈 「한국의 옛 조경」 대원사, 1990.

진홍섭 「한국미술사 자료집성」 일지사, 1987.

최무장 역 '발해 상경 용천부 유지'(원문은 陳顯昌, '唐代渤海上京龍泉府遺址'
「文物」 1980년 제9기, pp.85~89) 「고문화」 제19집, 1981.

한인호 '고구려 건축의 역사적 위치'「고고민속론집」 9, 북한고고학술총

서, 사회과학출판사, 1971.
「서울 600年史」Ⅰ, Ⅱ, Ⅲ, Ⅳ 서울특별시사편찬위원회.
「서울 600年史 文化史蹟編」 서울특별시사편찬위원회, 1987.
「고구려문화사」(원문「고구려 문화」, 사회과학출판사, 1975) 논장신서
     9, 1988.
「공산성백제추정 왕궁지 발굴조사 보고서」 공주사범대학 박물관, 1987.
「백제연구」제19집(백제연구 국제학술 대회 논문―도성, 성곽 관계 특집
     ―), 충남대학교 백제연구소, 1988. 12.
한국정신문화연구원 편「민족문화대백과 사전」

## 고문헌

| | |
|---|---|
| 「三國史記」 | 「東文選」 |
| 「三國遺事」 | 「燃黎室記述」 |
| 「高麗史」 | 「漢京識略」 |
| 「高麗史節要」 | 「宮闕誌」 |
| 「宣和奉使高麗圖經」 | ‘東闕圖’ |
| 「高麗古都徵」 | ‘東闕圖型’ |
| 「朝鮮王朝實錄」 | ‘北闕圖型’ |
| 「新增東國輿地勝覽」 | 「增補文獻備考」 |

## 외국어 저술

江上波夫外編 長安から平城へ, 平凡社, 1980.
龜田修一 ‘考古學から見た百濟前記都城’「朝鮮史研究會論文集」1987.
駒井和愛 「中國都城, 渤海研究」雄山閣.
金達壽 外 「古代の高句麗と日本」(「古代の日本と韓國」全 13卷 가운데 4卷),
     學生社, 1988. 10.
東潮, 田中俊明 「韓國の古代遺蹟」1. 新羅篇(慶州), 2. 百濟·伽耶篇, 中央
     公論社, 1989.
武田幸男 「高句麗史と東アジア」岩波書店, 1989. 6.
王健群 外 「好太王碑と高句麗遺蹟―四·五世紀の東アジアと日本―」, 讀賣
     新聞社, 1988. 6.
魏存成 ‘高句麗初, 中期的 都城’「北方文物」1985年 2期.
李殿福 ‘高句麗丸都山城’「文物」1982年 6期, pp.82~85.
中村春壽 日韓古代都市計劃, 六興出版, 1978.

빛깔있는 책들 102-20

# 한국의 궁궐

글, 사진 / 이강근

발행인 / 김남석
발행처 / 주식회사 대원사

편집이사 / 김정옥
전 무 / 정만성
영업부장 / 이현석

첫 판 1쇄 —1991년 8월 17일 발행
재 판 1쇄 —2010년 11월 30일 발행

주식회사 대원사
우편번호/140-901
서울 용산구 후암동 358-17
전화번호/(02) 757-6717~9
팩시밀리/(02) 775-8043
등록번호/제 3-191호
http://www.daewonsa.co.kr

이 책에 실린 글과 그림은 저자와 주식회
사 대원사의 글로 적힌 동의가 없이는 아
무도 이용하실 수 없습니다.

잘못된 책은 서점에서 바꿔 드립니다.

책값/8500원

Daewonsa Publishing Co., Ltd.
Printed in Korea(1991)

ISBN 89-369-0107-9 00540

# 빛깔있는 책들

## 민속(분류번호:101)



## 고미술(분류번호 : 102)



## 불교 문화(분류번호:103)



## 음식 일반(분류번호:201)